ÜBER

FREIWILLIGE OXYDATION.

BEITRÄGE ZUR KENNTNIS

DER

AUTOXYDATION UND SAUERSTOFFAKTIVIERUNG.

Von

DR. W. MANCHOT,

PRIVATDOZENT FÜR CHEMIE AN DER UNIVERSITÄT GÖTTINGEN.

MIT DREI FIGUREN.

LEIPZIG,

VERLAG VON VEIT & COMP.

1900.

Druck von Metzger & Wittig in Leipzig.

Die nachstehende Abhandlung habe ich im Juli dieses Jahres der philosophischen Fakultät der Universität Göttingen als Habilitationsschrift vorgelegt.

Am 18. Oktober dieses Jahres wurde SCHÖNBEIN's 100. Geburtstag von der Universität Basel festlich begangen. Sollte die Veröffentlichung dieser kleinen Schrift mit dazu beitragen, die Erinnerung an diesen verdienstvollen Forscher neu zu beleben, so darf der Verfasser damit wohl zufrieden sein.

Von dem Inhalt dieser Abhandlung ist an anderer Stelle bisher nichts publiziert worden.

Göttingen, im Oktober 1899.

Inhalt.

Den chemischen Vorgang, welcher beim Verbrennen einer Substanz stattfindet, pflegt man wohl meist als völlig aufgeklärt anzusehen. Seitdem nachgewiesen ist, daß die verbrennenden Körper um genau so viel schwerer werden, als der verbrauchte Sauerstoff wiegt, also seit LAVOISIER's Zeiten, betrachtet man die Frage nach den dabei obwaltenden quantitativen Verhältnissen als abgethan und erledigt. Dennoch ist sie experimentell keineswegs so vollständig studiert worden, wie man, ohne nähere Prüfung, wohl geneigt wäre anzunehmen.

Die experimentellen Bestimmungen des Mengenverhältnisses zwischen dem verbrennenden Körper und dem verbrauchten Sauerstoff betreffen nämlich fast sämtlich nur solche Prozesse, welche bei höherer Temperatur erfolgen. Bei den überaus zahlreichen Oxydationsprozessen dagegen, welche bei gewöhnlicher Temperatur ganz allmählich vor sich gehen, den sogenannten „langsamen Verbrennungen", ist eine derartige experimentelle Prüfung nur in sehr wenigen Fällen ausgeführt worden. Und doch handelt es sich hier um Vorgänge von der Art, welche in der Natur, insbesondere im lebenden Organismus, eine äußerst wichtige Rolle spielen.

Zu ihrer Erforschung einen Beitrag zu liefern, ist der wesentliche Zweck dieser Untersuchung.

Bei unbefangener Betrachtung würde man freilich zunächst kaum erwarten, ein wesentlich anderes Resultat durch die quantitative Untersuchung solcher Oxydationsprozesse zu erhalten, als bei irgend einer anderen Verbrennung. Man würde annehmen, daß für jede Phase des Vorgangs eben gerade nur so viel Sauerstoff erforderlich sein und in Reaktion treten müsse, als sich mit der betr. Substanz (oder ihren Zersetzungsprodukten) verbinden kann. Gleichwohl haben bedeutende Forscher Theorieen der langsamen Verbrennung entwickelt, welche von einer solchen Auffassung beträchtlich abweichen und zwar in dem Sinne, daß die Menge des in Aktion getretenen Sauerstoffs nicht ohne weiteres identisch zu sein brauche mit derjenigen, deren ein verbrennender Körper selber bedürfe. Wenn eine gewisse Menge Sauerstoff zur Bildung des Oxydationsproduktes verwandt werde, könne eine andere Menge, ohne direkt an dem Oxydationsprozeß beteiligt zu sein, doch von diesem in Mitleidenschaft gezogen, in einen besonderen Zustand versetzt werden.

Die Frage, ob eine solche Vorstellung zuzulassen oder zu verwerfen sei, ist für alle Theorieen der Autoxydation, wie M. Traube die in Rede stehenden Erscheinungen genannt hat, von entscheidender Wichtigkeit.

Daß sie diese Bedeutung erlangen konnte, obgleich für eine derartige Annahme eine leidliche Analogie, wie mir scheint, in der Chemie kaum vorliegt, ist wesentlich durch die historische Entwicklung unserer Kenntnis des Sauerstoffs begründet, und insbesondere verursacht durch die Schönbein'sche Entdeckung des Ozons (1840), welches Marignac und de la Rive bald darauf als eine Modifikation des Sauerstoffs erkannten. Ozon stellte also nach diesen und anderen Forschern Sauerstoff in einem Zustand besonders kräftigen Oxydationsvermögens vor. Diese Form des Sauerstoffs aber fand sich in der mit Phosphor in Berührung befindlichen Sauerstoffatmosphäre vor. Demnach, so schloß man, wurde, während ein Teil des Sauerstoffs vom Phosphor aufgenommen wurde, ein anderer Teil erregt oder „aktiviert“, eine Auffassung, die mit der Bildung des Ozons unter dem Einfluß der Elektricität in gutem Einklang zu stehen schien.

Schönbein entdeckte später[1], daß auch bei vielen anderen freiwilligen Oxydationen Sauerstoff aktiviert wird, jedoch nicht in der Form von Ozon, sondern von Wasserstoffsuperoxyd.

[1] Vgl. die Litteraturzusammenstellung in der Biographie Schönbein's von Hagenbach, Universitätsprogramm Basel 1868.

Da nun das letztere, wie er annahm, durch Oxydation des Wassers entstehen sollte, Ozon aber Wasser nicht zu Wasserstoffsuperoxyd oxydiert, sondern im Gegenteil diese beiden Körper sich gegenseitig zersetzen, gelangte er dazu, zwei entgegengesetzte Modifikationen des Sauerstoffs (außer dem gewöhnlichen) anzunehmen, das Ozon Θ und das Antozon ⊕. ⊕ verbindet sich mit Wasser zu Wasserstoffsuperoxyd, ⊖ z. B. mit dem Phosphor.

Da das Ozon bekannt war, mußte auch das Antozon zu finden sein. SCHÖNBEIN wollte letzteres bei der Zersetzung von „Antozoniden" wie BaO_2 beobachtet haben, eine Behauptung, die von anderen Forschern jedoch nicht bestätigt worden ist.

Der ursprüngliche Gedankengang SCHÖNBEIN's ist vermutlich der gewesen, daß die negative Modifikation sich mit Wasser zu Ozon vereinige, welches er lange Zeit hindurch als eine Wasserstoffverbindung ansah, die positive Modifikation mit Wasser dagegen Wasserstoffsuperoxyd bilde. Erst durch die Annahme, daß diese Modifikationen für sich existieren und das Ozon selbst die eine dieser Modifikationen sei, wird die Vorstellung etwas unklar, und die Notwendigkeit geschaffen, auch nach der anderen Modifikation (Antozon) zu suchen.

Derartige Schwierigkeiten zu beseitigen, haben sich andere Forscher bemüht, indem sie supponierten, daß bei der Oxydation das Sauerstoffmolekül in Atome entgegengesetzter Natur gespalten werde auf Grund einer verschiedenen elektrischen Ladung dieser Teilchen (CLAUSIUS) oder auch ohne diese (HOPPE-SEYLER). Doch würde es zu weit führen, alle diese Theorieen hier eingehend auseinanderzusetzen.[1] In der Hauptsache kommen sie darauf hinaus, die oben präzisierte prinzipielle Frage, ob eine Beeinflussung des an der Oxydation nicht direkt beteiligten Sauerstoffs möglich sei, zu bejahen.

[1] Ich halte eine eingehendere Darstellung der verschiedenen Theorieen schon deshalb nicht für nötig, weil zu Anfang dieses Jahres, während ich mit dieser Untersuchung beschäftigt war, BODLÄNDER eine solche gegeben hat (AHRENS' Sammlung chem. und chem.-techn. Vorträge III, 11 und 12. 1899) und es unvermeidlich wäre, vieles von dem dort Gesagten zu wiederholen. — Den Inhalt dieser Abhandlung habe ich größtenteils bereits am 14. Februar 1899 der chemischen Gesellschaft zu Göttingen mitgeteilt.

Völlig entgegengesetzt ist die Stellung der Theorie von M. TRAUBE. Das Wesentliche an ihr ist die Annahme, daß bei der Autoxydation ganze Moleküle Sauerstoff aufgenommen werden. So entsteht z. B. das Wasserstoffsuperoxyd durch direkte Addition des Sauerstoffmoleküls an das des Wasserstoffs.

Weniger wichtig ist die Hypothese TRAUBE's, daß die Autoxydation vermittelst einer Spaltung des Wassers erfolge. Schüttelt man z. B. Zink mit Wasser, so reißt es nach ihm die Hydroxyle des letzteren an sich, und der nascente Wasserstoff liefert mit dem gasförmigen Sauerstoff Wasserstoffsuperoxyd:

$$Zn + \genfrac{}{}{0pt}{}{OHH}{OHH} = Zn(OH)_2 + H_2$$

$$H_2 + O_2 = H_2O_2.$$

In der That entsteht, wie TRAUBE beim Zink nachwies und SCHÖNBEIN bereits beim Blei gefunden hatte, auf 1 Atom Metall 1 Molekül Wasserstoffsuperoxyd.[1]

Die TRAUBE'sche Vorstellung von der Addition ganzer Sauerstoffmoleküle erklärt viele Erscheinungen einfacher als die Theorieen, welche eine Spaltung des Sauerstoffmoleküls oder die Existenz verschiedener Sauerstoffarten voraussetzen. Dennoch schien für derartige Anschauungen vor wenigen Jahren auf ganz anderem Wege eine mächtige Stütze zu erwachsen.

Schon seit dem Ende des vorigen Jahrhunderts ist bekannt, daß der Phosphor unter vermindertem Druck stärker leuchtet und sich leichter entzündet als unter gewöhnlichem Druck. Auf Veranlassung VAN'T HOFF's hat EWAN[2] diese Erscheinung genauer untersucht und gefunden, daß eine Druckgrenze existiert, unterhalb welcher zugleich mit dem Leuchten auch die Oxydation beginnt, und zwar ist die Geschwindigkeit der Oxydation unterhalb dieser rätselhaften Druckgrenze der Quadratwurzel aus dem Sauerstoffdruck proportional, ein Resultat, welches durch die Untersuchung der Oxydation von Acetaldehyd zu Essigsäure bestätigt worden ist.

---

[1] TRAUBE, Ber. d. deutsch. chem. Ges. **26**, 1471. Nach den heutigen Anschauungen wäre die Erklärung wohl so zu formulieren, daß Metallionen in Lösung gehen und H-ionen verdrängen. Vgl. BODLÄNDER, Die Oxydation des Goldes Z. f. angew. Chemie **1896**, 583.

[2] Zeitschr. f. physik. Chem. **16**, 315.

Zur Erklärung dieser Thatsache nahm VAN'T HOFF an, daß eine sehr kleine Menge des gewöhnlichen Sauerstoffes in Atome oder entgegengesetzt geladene Jonen gespalten sei und durch diese Spaltungsstücke allein die Oxydation bewirkt werde. Es gilt die Gleichgewichtsbeziehung

$$O_2 \rightleftarrows 2O \quad \text{also} \quad C(o_2) = KC^2(o)$$

wo $C(o_2)$ die Konzentration der Sauerstoffmoleküle, $C(o)$ die der freien Atome und K eine Konstante ist. Folglich ist

$$C(o) = K'\sqrt{C(o_2)}.$$

Ist nun die Konzentration der Sauerstoffmoleküle dem Druck proportional (vorausgesetzt daß die Anzahl der freien Atome sehr klein ist), so muß auch die Geschwindigkeit der Oxydation der Quadratwurzel des Sauerstoffdruckes proportional sein, wenn nämlich nur die Sauerstoffatome an der Reaktion beteiligt sind.

Von dieser Vorstellung ausgehend, haben VAN'T HOFF und JORISSEN die Oxydation einiger Körper insbesondere des Phosphors[1], Triäthylphosphins[1], Benzaldehyds[2] und Natriumsulfits[3] quantitativ untersucht und gefunden, daß stets ebensoviel Sauerstoff aktiviert und in diesem Zustand von zugesetzten anderen oxydablen Substanzen aufgenommen wird, wie die aktivierenden Körper selbst verbrauchen, ein Ergebnis, welches ihrer Theorie entspricht.

ENGLER und WILD[4] haben jedoch für mehrere dieser Fälle gezeigt, daß hier Superoxyde der oxydablen Körper entstehen und diese ein Atom Sauerstoff an zugesetzte Substanzen abzugeben vermögen, welche direkt durch gewöhnlichen Sauerstoff nicht angegriffen werden. Die Bildung und Zersetzung dieser Superoxyde kann je nach den Umständen komplizierter Art sein.

Die vorstehende Darlegung zeigt trotz aller Kürze zur Genüge, daß es an Theorien und an Untersuchungen über die Sauerstoffaktivierung nicht gefehlt hat. Trotzdem ist die Zahl der genauer

---

[1] Zeitschr. f. physik. Chem. **16**, 411.

[2] a. a. O. **22**, 34 ff.

[3] a. a. O. **23**, 667.

[4] Ber. d. deutsch. chem. Ges. **30**, 1669. — Von diesen und JORISSEN's Untersuchungen wird weiter unten noch mehrfach die Rede sein.

studierten Fälle noch immer eine recht kleine, und zwar gilt dies insbesondere hinsichtlich organischer Substanzen. Unter diesen Umständen mag es wohl gerechtfertigt sein, daß ich von mir — in Fortsetzung früherer Untersuchungen und anderweitig — gemachte Beobachtungen schließlich systematisch verfolgt habe, zumal auch die ENGLER'sche Erklärung mir noch nicht für alle Fälle ausreichend erscheinen wollte.

Während ich mit dieser Untersuchung beschäftigt war, erschien eine neue Abhandlung von ENGLER[1], welche nachweist, daß bei der Oxydation des Terpentinöls ebenfalls Superoxyde der oxydablen Körper entstehen. Nähere Angaben über diese Superoxyde liegen noch nicht vor. Es wird wohl auch sehr schwierig sein, die betreffenden Körper zu isolieren. Immerhin kann man von weiteren derartigen Versuchen eine noch nähere Aufklärung dieser Vorgänge wohl erwarten, zumal wenn man fußend auf den grundlegenden Arbeiten WALLACH's eine Anzahl der von diesem Forscher scharf charakterisierten Substanzen der Terpenreihe systematisch auf ihr Verhalten bei der Autoxydation prüfen würde.

Die Autoxydation des Terpentinöls ist wie die des Phosphors wahrscheinlich ein verwickelter Vorgang. Offenbar aber ist es zweckmäßig, möglichst übersichtliche und einfache Prozesse herauszuwählen, wenn man einen Einblick in den Mechanismus dieser Oxydationen gewinnen will.

Derartige Reaktionen sind freilich, trotz der Häufigkeit der Erscheinung selbst, nicht leicht zu finden; auch scheint vor der Hand die Zahl der Fälle, welche experimenteller Behandlung überhaupt zugänglich sind, ziemlich beschränkt zu sein.

In experimenteller Hinsicht ist es nun jedenfalls von Vorteil, wenn die Oxydation recht schnell verläuft. Auch ist dann mehr Aussicht vorhanden, daß man hauptsächlich mit primären Prozessen zu thun hat. Deshalb habe ich auf solche Oxydationsprozesse meine Aufmerksamkeit gerichtet, welche bei Gegenwart von Alkali erfolgen, weil diese hinsichtlich der Geschwindigkeit einen hervorragenden Platz einnehmen. Hierher gehören in erster Linie die Phenole.

[1] ENGLER und WEISSBERG, Ber. d. deutsch. chem. Ges. **31**, 3046.

I. Die Autoxydation der Phenole.

Schönbein hat bereits beobachtet, daß beim Schütteln der alkalischen Lösung mancher Phenole mit Luft oder Sauerstoff superoxydartige Verbindungen, Körper vom Typus des Wasserstoffsuperoxyds, entstehen. Er selbst und neuerdings Bach[1] haben dies für Phenol, Resorcin, Brenzcatechin, Pyrogallol, Tannin u. a. angegeben; ebenso verhalten sich Hydrochinon, Phloroglucin, p-Amidophenol, p-Diamidophenol („Amidol"), wie ich hinzufüge, ohne zu behaupten, daß diese Körper nicht schon an anderer Stelle als hierher gehörig erwähnt sein könnten.

Alle diese Beispiele setzen der quantitativen Untersuchung große Schwierigkeiten entgegen. Der Reaktionsverlauf ist unübersichtlich; Endprodukte sind kaum zu fassen; die Oxydation bleibt nicht an einem bestimmten Punkt stehen, sondern führt oft zu völliger Zerstörung des Moleküls, welche unter Umständen sogar bis zur Bildung gasförmiger Produkte (wie Kohlenoxyd beim Pyrogallol[2]) fortschreitet.

Es wird daher zweckmäßig sein, zunächst nur solche Verbindungen in Betracht zu ziehen, welche ein gegen Oxydationsmittel wie molekularer und aktivierter Sauerstoff einigermaßen widerstandsfähiges Atomgerüst besitzen, bei welchen infolge davon die Reaktion in übersichtlicher Weise verläuft und zu einem Endpunkt führt.

---

[1] Moniteur scientifique [4] **11**, II, 479, (1897).

[2] Wie kompliziert die Reaktion beim Pyrogallol ist, zeigt auch eine neuere Untersuchung von Berthelot (s. unten).

Zur Untersuchung geeignete Beispiele wird man demnach vorläufig weniger unter den Oxybenzolen als unter den phenolartigen Derivaten höherer Kohlenwasserstoffe, wie Anthracen, Phenanthren und ähnlichen zu suchen haben.

1. Oxanthranol.

Durch Reduktion des Anthrachinons mit Zinkstaub und Natronlauge entsteht nach Graebe und Liebermann[1] ein Hydrochinon, das sog. Oxanthranol

$$C_6H_4\left\langle\begin{matrix} COH \\ COH \end{matrix}\right\rangle C_6H_4.$$

Dasselbe zeigt eine schöne und auffallende Reaktion, welche auch zur Prüfung auf Anthrachinon dient. Der grüngelbe Körper wird von Alkalien mit blutroter Farbe gelöst; die blutrote Lösung wird jedoch beim Schütteln an der Luft sehr rasch völlig entfärbt, indem sich weißes Anthrachinon abscheidet.

Die alkalische Flüssigkeit enthält dann nach meiner Beobachtung beträchtliche Mengen Wasserstoffsuperoxyd (bezw. Alkalisuperoxyd).

Das letztere lässt sich nun in diesem Fall nicht nur qualitativ nachweisen (siehe unten S. 20), sondern auch quantitativ bestimmen, denn es liegt auf der Hand, daß die bei den Oxybenzolen auftretenden, vorhin erwähnten Übelstände hier wegfallen. Die Reaktion ist durchaus übersichtlich. Der Moment ihrer Beendigung ist an der Entfärbung äußerlich sehr scharf zu erkennen; das als Endprodukt entstehende Anthrachinon ist gegen Oxydationsmittel sehr beständig (zudem in Wasser wenig löslich); es wird also einerseits von dem aktivierten Sauerstoff (Alkalisuperoxyd) nicht angegriffen werden, andererseits wird trotz seiner Gegenwart die Anwendung von Permanganat zur quantitativen Bestimmung des nach beendeter Oxydation vorhandenen Wasserstoffsuperoxyds einwandsfrei sein.

---

[1] Graebe u. Liebermann, Liebig's Ann. **160**, 126. Liebermann **212**, 65, Konstitution 118.

Es handelte sich zunächst darum, das Mengenverhältnis des aktivierten Sauerstoffs (bezw. H_2O_2) zu dem im Ganzen verbrauchten Sauerstoff zu bestimmen.

Zur Messung des Totalverbrauchs an Sauerstoff wurde das LUNGE'sche Nitrometer benutzt.

Die in der Gasbürette über Wasser abgelesene Volumverminderung in Kubikcentimetern wurde unter Berücksichtigung von Barometerstand und Temperatur direkt als feuchter Sauerstoff in Rechnung gesetzt.

Als Schüttelgefäß erwies sich zweckmäßig ein solches von ca. 250—300 ccm Inhalt, mit seitlich angeblasenem Beutel (s. die Figur S. 15). In letzteren wird die Substanz hineingebracht. Die Füllung ist sehr bequem und die gleichmäßige Durchmischung des Inhalts gelingt rascher als bei dem sonst häufig gebrauchten Gefäß mit in der Mitte des Bodens angeschmolzenem Bechergläschen. Die Berührung des Kautschukstopfens mit der Flüssigkeit läßt sich dabei gänzlich vermeiden.

Nach der Ablesung der Gesamtabsorption wurde der alkalische Inhalt des Schüttelgefäßes unter Abkühlung in verdünnte Schwefelsäure eingegossen und die saure Flüssigkeit direkt mit Permanganat möglichst rasch titriert.[1] Das völlig weiß abgeschiedene, in der Flüssigkeit suspendierte Anthrachinon beeinträchtigt die Erkennung des Endpunkts der Titration in keiner Weise.

Das Oxanthranol kam stets frisch bereitet, gut ausgewaschen, und noch feucht zur Verwendung; auf die Verwendung von trockener Substanz, deren Reindarstellung nach LIEBERMANN sehr schwierig ist, habe ich verzichtet. Für den in Rede stehenden Zweck war dies auch nicht erforderlich.

Zuerst wurden Versuche mit starker Natronlauge (Faktor 5,016 entspr. 200 g NaOH pro Liter) angestellt. Es kamen jedesmal 50 ccm zur Verwendung.

[1] Die Verzögerung der Entfärbung des Permanganats, welche bei der Titration des Wasserstoffsuperoxyds nicht selten auftritt, habe ich anfangs auch hier einige Male beobachtet. Am einfachsten vermied ich dieselbe durch schnelles Titrieren von vornherein.

Oxanthranol. Versuchsreihe I. Natronlauge.

Nr.	Absorption in ccm	Temper. und Druck	Verbrauchtes Permanganat	Sauerstoff verbraucht in g	Sauerstoff durch Titration gefunden in g	Verhältnis (Gesamtverbrauch = 2 gesetzt)	Dauer der Oxydation in Minuten	Beleuchtung
1	50,1	16°/747	33,9	0,0653	0,0297	0,91 : 2	$2^1/_4$	Gaslicht
2	28,0	16/754	19,5	0,0369	0,0151	0,82 : 2	3—4	Gaslicht
3	43,2	17/754	33,2	0,0566	0,0257	0,91 : 2	$4^1/_4$	Gaslicht
4	55,2	17/749,5	43,3	0,0718	0,0335	0,93 : 2	3—4	Gaslicht
5	gewogen	—	24,0	0,0525	0,0186	0,71 : 2	17	Gaslicht
6	43,6	17/754	16,25	0,0571	0,0126	0,44 : 2	66	Gaslicht
7	gewogen	—	1,2	0,0442	0,0009	0,04 : 2	130	Gaslicht

Titer des Permanganats bei Versuch Nr. 1: 1 ccm = 0,0008751 g O
„ „ „ „ „ „ 2—7: „ = 0,0007744 g O

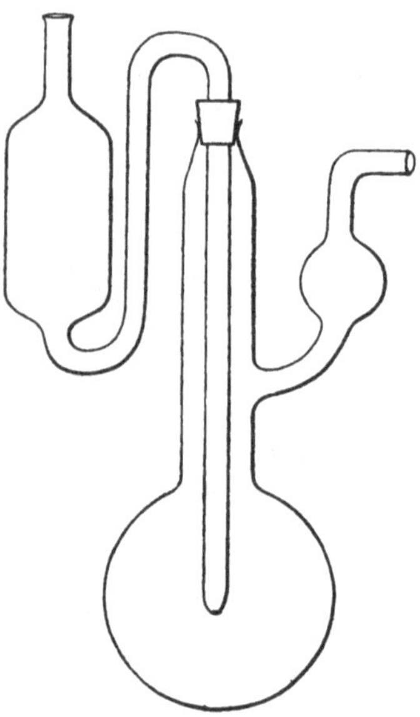

Bei Versuch Nr. 5 und 7 wurde die Gewichtszunahme gewogen in einem Apparat, welcher dem Bunsen'schen Apparat zur Bestimmung der Kohlensäure durch Gewichtsverlust nachgebildet war; während der Oxydation wurde durch den Apparat ein von Kohlensäure und Wasserdampf befreiter, langsamer Luftstrom geleitet. Derselbe hatte außer dem Oxydationsgefäß mehrere gewogene Trockenapparate zu passieren.

Aus dieser Versuchsreihe I ergiebt sich folgendes:

War die Versuchsdauer sehr kurz — unter 10 Minuten — so nähert sich das Verhältnis von aktiviertem Sauerstoff zum Gesamtsauerstoff dem Wert 1 : 2; jedoch mit erheblichen Schwankungen. Eine Abhängigkeit des Verhältnisses von der Versuchsdauer tritt bei den Versuchen Nr. 1—4 noch nicht hervor, weil bei so kurzen Zeiträumen Zufälligkeiten, wie die Geschwindigkeit, mit welcher die Durchmischung gelingt, die Intensität, mit welcher geschüttelt wird u. a., von größtem Einfluß auf die zur Oxydation erforderliche Zeitdauer sein müssen. Verläuft die Reaktion jedoch sehr langsam, wie es der für Nr. 5 und 7 benutzte Apparat (s. oben) zur Folge hatte, und wie es zur Kontrole bei Nr. 6 absichtlich bewirkt wurde, so zeigt sich deutlich, daß die Menge des am Schluß der Operation vorhandenen aktivierten Sauerstoffs mit der längeren Versuchsdauer beträchtlich abnimmt.

Letztere Erscheinung konnte zwei Ursachen haben; erstens die, daß das entstehende Natriumsuperoxyd seinerseits auf die noch nicht oxydierte Substanz einwirkt, zweitens die, daß es sich spontan zersetzt.

Den Einfluß des letzteren Umstandes habe ich durch Kontrolversuche festzustellen gesucht.

Wasserstoffsuperoxydlösung wurde mit einem bestimmten Volumen Natronlauge (der gleichen wie oben) versetzt, derart, daß annähernd die gleiche Konzentration des Na_2O_2 wie die bei den obigen Versuchen resultierende, erzielt wurde.

I	15	ccm verbrauchten	sofort titriert	19,2	ccm	Permanganat
	15	„ „	nach 30 Minuten	19,2	„	„
	15	„ „	„ 14 Stunden	16,4	„	„
	15	„ „	„ 21 „	14,8	„	„
II	15	„ „	sofort titriert	17,8	„	„
	15	„ „	nach $1^1/_2$ Stunden	17,4	„	„

Die spontane Zersetzung des Natriumsuperoxyds kommt demnach für die bei längerer Versuchsdauer konstatierte Abnahme des nach beendeter Oxydation vorhandenen Na_2O_2 (nach V. Nr. 5—7) kaum in Betracht.[1] Das primär gebildete Superoxyd oxydiert also seinerseits einen Teil des noch nicht oxydierten Oxanthranols.

Dieses Ergebnis mag vielleicht als a priori zu erwartendes angesehen werden. Gleichwohl schien es mir nicht ganz überflüssig, dies ausdrücklich festzustellen, besonders da in einigen

[1] Ihr Einfluß auf das Resultat würde außerdem noch dadurch zurücktreten, daß sie den Gesamtsauerstoffverbrauch kleiner erscheinen ließe.

namentlich den älteren Theorieen zwar nicht klar ausgesprochen aber doch implicite die Vorstellung enthalten ist, als ob der aktivierte Sauerstoff eine gewisse Abneigung besäße, den Stoff, durch den er aktiviert wird, seinerseits zu oxydieren.

Es entstand nun die Aufgabe, die Einwirkung des entstandenen H_2O_2 auf die noch nicht oxydierte Substanz zu verhindern.

Jorissen[1] hat zu diesem Zweck bei der Oxydation des Benzaldehyds Indigosulfosäure zugesetzt, welche den aktivierten Sauerstoff wegnahm. Dies Verfahren war hier nicht anwendbar, weil sich die Einwirkung von verdünnter Natriumsuperoxydlösung auf indigosulfosaures Natrium als unzuverlässig erwies; auf jeden Fall war nicht zu erwarten, daß das entstandene Natriumsuperoxyd seinen disponiblen Sauerstoff quantitativ eher an die Indigosulfosäure als an das noch vorhandene Oxanthranol abgeben werde.

Dagegen war es wahrscheinlich, daß bei der Anwendung von Barytwasser, zumal von konzentriertem, konstante Resultate zu erzielen sein würden, weil das entstehende schwerlösliche Baryumsuperoxyd bei sehr kurzer Versuchsdauer kaum oxydierend wirken wird. Diese Erwartung hat sich bestätigt.

Das zu diesen und den späteren Versuchen benutzte Barytwasser war $^1/_4$ normal (entsp. 21,4 $Ba(OH)_2$ pro 1 Liter).

Oxanthranol, Barytwasser 50 ccm (Versuchsreihe II.)

Nr.	Absorption in ccm	Temperatur	Druck	Verbrauchtes Permanganat	Sauerstoff Verbraucht in g	Sauerstoff durch Titration gefunden in g	Verhältnis des aktiviert. Sauerstoffs: Gesamtverbrauch (dieser = 2 gesetzt)	Dauer der Oxydation in Minuten	Beleuchtung
1	24,2	13°	755	19,05	0,0323	0,0167	1,03 : 2	2	Tageslicht
2	24,6	15°	745	18,8	0,0321	0,0164	1,02 : 2	5	Gaslicht
3	35,4	15°	745	28,1	0,0462	0,0246	1,06 : 2	5	Gaslicht
4	31,0	16°	745	22,6	0,0403	0,0198	0,98 : 2	4	Gaslicht
5	43,2	16°	745	33,5	0,0564	0,0293	1,04 : 2	6	Gaslicht
6	43,1	16°	735	30,7	0,0553	0,0269	0,97 : 2	5	Dunkelheit
7	gewogen	—	—	19,75	0,0353	0,0173	0,98 : 2	$7^1/_2$	Gaslicht

Titer des Permanganats 1 ccm = 0,0007744 g O.

[1] Zeitschr. f. physik. Chem. **22**, 34.

Die vorstehende Versuchsreihe II zeigt, daß in der That bei Anwendung von Barytwasser ein konstantes Verhältnis des aktivierten Sauerstoffes zum Gesamtverbrauch an Sauerstoff beobachtet wird, und zwar ist das Mittel aus den Versuchen = 1,01 : 2, also sehr nahe 1 : 2.

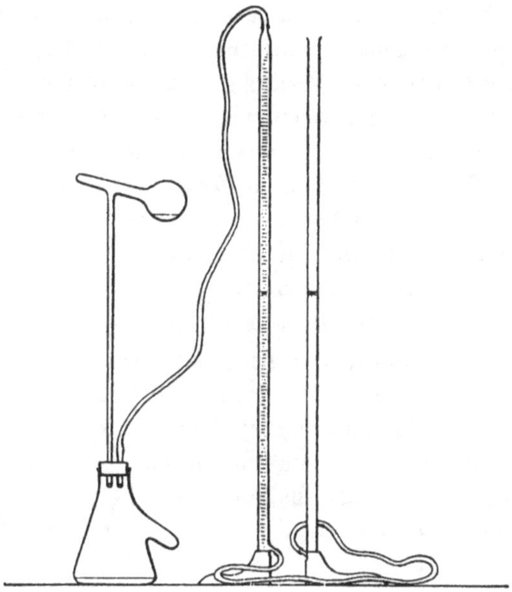

Auf 1 Molekül verbrauchten Sauerstoff wird also immer 1 Atom aktiviert, oder auf 1 Molekül Gesamtverbrauch entsteht stets 1 Molekül Wasserstoffsuperoxyd (bezw. BaO_2).

Eine einfache Kontrolle dieses Resultats mußte die Messung des bei der Zersetzung mit Permanganat[1] gasförmig entwickelten Sauerstoffs liefern.

[1] Ich habe auch versucht, das BaO_2 nach QUINCKE mit alkalischem Ferricyankalium zu bestimmen (Ztschr. f. analyt. Ch. **31**, 2), wodurch vielleicht noch einige Fälle mehr der Untersuchung zugänglich werden würden. Kontrollversuche mit $H_2O_2 + Ba(OH)_2$ gaben mir jedoch keine befriedigenden Resultate, ohne daß ich die Ursache bisher auffinden konnte. Allerdings habe ich dieselben auch unter etwas anderen Konzentrationsverhältnissen, nämlich solchen wie sie bei diesen Bestimmungen in Frage kamen, ausgeführt.

Von den verschiedenen Modifikationen der Apparatur, die für diesen Zweck im Laufe der Untersuchung benutzt wurden, hat sich die folgende als die zweckmäßigste bewährt; sie möge deshalb hier kurz beschrieben werden.

Nachdem zunächst die Oxydation in derselben Weise wie oben ausgeführt und die Volumabnahme gemessen ist, wird der Stopfen des Schüttelgefäßes entfernt und die Flüssigkeit möglichst rasch mit überschüssiger, verdünnter Schwefelsäure angesäuert.[1] Das Gefäß wird darauf mit einem doppelt durchbohrten Stopfen verschlossen; durch die eine Bohrung des letzteren geht ein Glasröhrchen, welches wie früher mittels eines Schlauches mit der Meßbürette verbunden ist; durch die zweite Bohrung geht ein Glasrohr, welches an ein kleines Gefäß zur Aufnahme der Permanganatlösung angeschmolzen ist. Am einfachsten verwendet man ein oben zugeschmolzenes Fraktionierkölbchen.

Jetzt wird zunächst die konstante Einstellung in der Gasbürette abgewartet; dann läßt man durch entsprechendes Neigen das Permanganat in das untere Gefäß fließen. Das Glasrohr muß ziemlich weit, ca. 7 mm im Durchmesser, sein und auch einige Länge, etwa 42 cm, haben. Ist dies der Fall, so erfolgt das Ausfließen aus dem oberen in das untere Gefäß, trotzdem der Apparat geschlossen ist, ohne Schwierigkeit und die Zugabe der Permanganatlösung läßt sich in dem Maße, wie die Entfärbung eintritt, also fast wie bei einer Titration ausführen. Die Volumzunahme wird in der Gasbürette gemessen.

Einigemale verfuhr ich auch so, daß ich ein wenig mehr als die erforderliche Menge festen Permanganats in ein weites oben offenes Röhrchen füllte und dieses in den seitlichen Ansatz des Schüttelgefäßes legte. Die nötige Schwefelsäure befand sich in diesem Fall im oberen Gefäß. Man läßt sodann die Schwefelsäure im geschlossenen Apparat herabfließen und stürzt das

---

[1] Fehler durch CO_2 suchte ich mittels verschiedener Modifikationen des Verfahrens, z. B. Einschaltung eines Gefäßes mit starker Kalilauge, zu vermeiden; am praktischsten erwies sich rasches Operieren. Übrigens stand mir zu diesen Versuchen im hiesigen chm. Institut ein besonderer Raum Raum zur Verfügung.

Röhrchen mit dem Permanganat in die Flüssigkeit. Dies Verfahren bietet den Vorteil, daß das resultierende Flüssigkeitsvolumen kleiner ist. Die zuerst angegebene Methode ist jedoch erheblich bequemer.

Da das Volumen des Apparats hierbei etwas größer ist, so habe ich, um Temperatureinflüsse zu vermindern, den ganzen Apparat für diese Messungen in einem großen Glascylinder unter Wasser gesetzt, was sich als so praktisch bewährt hat, daß ich es späterhin stets gethan habe, und was schon von Knop[1] und Quincke[2] empfohlen worden ist. Die Meßbürette wird dauernd in den Cylinder gesetzt, das Schüttelgefäß zum Beschicken und Schütteln herausgeholt. Um es unter Wasser festzuhalten, diente die folgende, bequeme und einfache Vorrichtung.

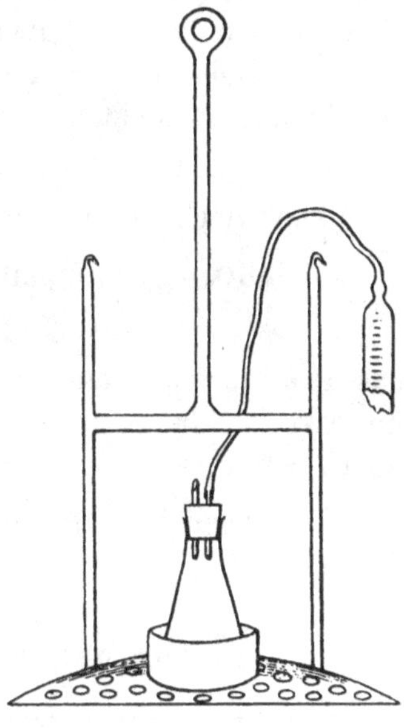

Auf einem siebartig durchlöcherten Kupferblech von der Form eines Halbkreises wurde ein Einsatz festgelötet, in welchen das Schüttelgefäß genau hineinpaßt, so daß es mit schwacher Klemmung festgehalten wird, aber doch bequem herausgezogen werden kann. Dieser Siebboden wird mit Hilfe von zwei hakenförmig umgebogenen Tragbändern in den Glascylinder hineingehängt und vor der Ablesung einigemale mittels eines angelöteten längeren Stieles samt dem darauf befindlichen Schüttelgefäß auf- und abbewegt, wodurch zugleich eine energische Rührung erzielt wird.

Der ganze Apparat befindet sich bei der Ablesung vollständig unter Wasser; nur das obere Ende des offenen Schenkels der Meßbürette ragt über die Oberfläche des Wassers, so daß das

[1] Zeitschr. f. analyt. Chem. **25**, 301.

[2] a. a. O. **31**, 2.

abgesperrte Gas unter dem äußeren Luftdruck steht. Die Einstellung des Niveaus der Sperrflüssigkeit läßt sich mit Hilfe eines Hebers mit Quetschhahn, der in den offenen Schenkel hineingehängt wird, bequem bewirken. Die konstante Einstellung erfolgt sehr schnell; die Temperatur einer so großen Wassermasse ändert sich während der kurzen Dauer eines Versuches kaum um $^1/_{10}$ Grad. Man kann auf diese Weise ohne irgend welche Unbequemlichkeit sehr viel sicherer und schneller arbeiten als an der Luft, wo schon die Annäherung des Beobachters Volumschwankungen zur Folge haben kann. Außerdem hat man bei jedem Versuch eine einfache und sehr erwünschte Kontrole darüber, ob alle Teile des Apparates dicht schließen.

Da das Wasserstoffsuperoxyd bei der Zersetzung mit Permanganat nach der Gleichung:

$$5H_2O_2 + 2KMnO_4 + 3H_2SO_4 = K_2SO_4 + 2MnSO_4 + 8H_2O + 10O$$

seinen gesamten Sauerstoff gasförmig abgiebt, so muß, wenn das aus der Versuchsreihe II abgeleitete Resultat richtig ist, genau so viel Gas entwickelt werden als zuvor absorbiert wurde.

Die folgende Versuchsreihe III zeigt, daß dies in der That der Fall ist.

Oxanthranol, Barytwasser (Versuchsreihe III.)

Nr.	Sauerstoff- Absorption	Sauerstoff- Entwicklung	Dauer der Oxydation in Minuten	Beleuchtung
1	20,6	20,7	5	Gaslicht
2	32,0	31,6	5	Tageslicht
3	36,0	36,8	1	Gaslicht
4	49,6	50,2	3	Dunkelheit
5	27,4	27,6	$1^1/_2$	Direktes Sonnenlicht
6	34,6	34,2	1	Tageslicht
7	21,4	20,8	1	Gaslicht
8	19,4	20,0	60	Tageslicht

Vielleicht wäre die Frage zu erörtern, ob die Menge des am Schluß der Operation gefundenen BaO_2 der ganzen primär gebildeten Menge des H_2O_2 entspricht.

Eine spontane Zersetzung des Baryumsuperoxydes kommt nicht in Betracht; dasselbe kann innerhalb der Versuchszeit als unveränderlich angesehen werden, wie folgende Kontrolversuche zeigen.

I. 15 ccm Wasserstoffsuperoxydlösung verbrauchten direkt titriert 20,8 ccm Permanganat.

Je 15 ccm wurden gleichzeitig mit je 50 cc Barytwasser zusammengegeben und diese Proben nach verschiedenen Zeiten titriert.

	Probe 1	sofort titriert erforderte	20,75	ccm Permanganat
	„ 2	„ „ „	20,6	„ „
	„ 3	nach 52 Stunden	20,5	„ „
	„ 4	„ 52 „	20,3	„ „
II.	Probe 1	sofort titriert erforderte	13,2	„ „
	„ 2	nach 3 Stunden	13,3	„ „
	„ 3	„ 21 „	13,2	„ „
	„ 4	„ 67 „	12,7	„ „

(Hieraus ergiebt sich auch, daß beim Ansäuern keine irgendwie erheblichen Verluste, etwa durch Entweichen von Sauerstoff oder H_2O_2, entstehen können.)

Gleichwohl könnten Verluste von H_2O_2 noch dadurch entstanden sein, daß das Baryumsuperoxyd auf das noch vorhandene Oxanthranol oxydierend gewirkt hätte. Dann hätten die Werte jedoch größere Schwankungen zeigen müssen; ferner zeigt Versuch III, 8, daß auch einstündige Versuchsdauer das Resultat nicht beeinflußt. Bei zu langer Dauer scheinen jedoch geringe Verluste einzutreten:

Absorption	Entwicklung	Dauer der Oxydation in Minuten
23,8	20,0	130
44,0	40,4	210

Doch entsteht dann auch durch die unvermeidlichen Temperaturschwankungen eine größere Unsicherheit.

Gesetzt aber, die obenstehenden Messungen hätten eine Unsicherheit um mehrere Kubikcentimeter, was jedoch, wie ich glaube, nicht der Fall ist, so würde doch der Umstand, daß

z. B. bei 50 ccm Absorption, die Anzahl der entwickelten Kubikcentimeter wieder in die Nähe von 50 kommt, bei 20 in die Nähe von 20, bei 36 in die Nähe von 36 u. s. f., über das primäre Mengenverhältnis von aktiviertem Sauerstoff zum Gesamtverbrauch (1 : 2) wohl keinen Zweifel lassen; auch dann nicht, wenn wirklich die Isolierung des H_2O_2 als BaO_2 keine vollständige sein sollte, also geringe wechselnde Mengen davon doch von der noch nicht oxydierten Substanz verbraucht würden.

Diesen quantitativen Bestimmungen seien noch folgende Beobachtungen qualitativer Art angereiht.

Das bei der Oxydation entstehende Superoxyd ist wirklich H_2O_2, resp. Na_2O_2 und BaO_2, denn die Reaktionsflüssigkeit giebt (nach dem Ansäuern) die Reaktionen des Wasserstoffsuperoxyds mit Kaliumbichromat und Titandioxyd. Auch zeigt sie wie Wasserstoffsuperoxyd das sehr langsame, erst auf Zusatz von Ferrosalz stärker werdende Auftreten der Jodreaktion mit Jodkalium und besonders Jodzinklösung.

Läßt man nach dem Schütteln mit Barytwasser die entfärbte Flüssigkeit ruhig stehen, so setzt sich auf dem Boden des Gefäßes Baryumsuperoxyd ab, während sich das Anthrachinon an der Oberfläche sammelt.

Ozon tritt bei der Oxydation nicht auf. Mit Jodkalium-Stärkelösung getränkte Papierstreifen, welche während der Oxydation in das verschlossene Gefäß gehängt wurden, zeigten keine Blaufärbung; auch war durch den Geruch kein Ozon wahrzunehmen.

Die Beleuchtung ist ohne Einfluß auf die Menge des entstehenden Wasserstoffsuperoxyds. Wie die Versuchsreihen II und III zeigen, macht es keinen Unterschied, ob die Oxydation bei Gaslicht, im zerstreuten Tageslicht, im direkten Sonnenlicht oder bei absoluter Dunkelheit erfolgt. Den etwaigen Einfluß der Beleuchtung auf die Oxydationsgeschwindigkeit habe ich nicht untersucht, weil er bei der kurzen Versuchsdauer durch Nebenumstände verdeckt sein würde.

Die Oxydation erfolgt auch beim Schütteln mit ($^1/_4$ norm.) Lösungen von Cyankalium, Ammoniak und kohlensaurem Natron. Letztere Agentien lösen das Oxanthranol anscheinend schwieriger als Ätzalkalien, die Färbung ist weniger intensiv, mehr orange, das schwach gefärbte Filtrat wird jedoch auf Zusatz von Natronlauge stärker gerötet. Ein merklicher Unterschied in der Geschwindigkeit der Oxydation war nicht deutlich wahrnehmbar (mag jedoch wohl vorhanden sein).

Beim Schütteln mit Wasser bildet sich ebenfalls Wasserstoffsuperoxyd. Bei einer solchen Oxydation, deren Ende daran zu erkennen ist, daß dem weißen Anthrachinon keine gelbgrünen Teile mehr beigemischt sind, was meist erst nach Stunden der Fall ist, findet man am Schluß nur sehr wenig Wasserstoffsuperoxyd (im Verhältnis zum verbrauchten Sauerstoff). Dem Anscheine nach verläuft die Oxydation bei Gegenwart von Salzsäure noch langsamer. Man bewahrt das Oxanthranol daher am besten unter angesäuertem Wasser auf.

2. Dihydrophenanthrenchinon.

Einen analogen Fall der Bildung von Wasserstoffsuperoxyd stellt die Autoxydation des Dihydrophenanthrenchinons vor. Dasselbe wird nach Graebe[1] durch Reduktion von Phenanthrenchinon mit schwefliger Säure erhalten. Die alkalische Lösung wird an der Luft rasch grün und scheidet schließlich beim Stehen an der Luft gelbrotes Phenanthrenchinon ab. Der Farbenumschlag ist freilich nicht so schön wie beim Oxanthranol. Für die quantitative Bestimmung des Wasserstoffsuperoxyds ist es nötig, die Substanz sehr fein zu pulvern, weil sich sonst kompakte grüne Partikelchen (Baryumsalz des Chinhydrons) abscheiden, welche auch durch heftiges Schütteln nicht mehr zu beseitigen sind.

Dihydrophenanthrenchinon (50 ccm Barytwasser Faktor: 0,25).

Verbrauchter Sauerstoff in ccm	Entwickelter Sauerstoff in ccm	Dauer der Oxydation	Beleuchtung
26,8	26,4	ca. 20 Min.	Tageslicht
55,8	55,0	ca. 20—30 Min.	Tageslicht
21,8	21,2	ca. 10 Min.	Tageslicht
31,8	31,2	ca. 10 Min.	Gaslicht

[1] Liebigs' Ann. **167**, 146.

Die vorstehenden Versuche zeigen, daß auch in diesem Falle bei der Zersetzung mit Permanganat ebensoviel Sauerstoff entwickelt wird, als bei der Oxydation absorbiert war.

3. Hydrochrysochinon und Hydroretenchinon.

Der quantitative Verlauf der Reaktion ist der gleiche wie bei dem vorhergehenden Beispiel. Das Hydrochrysochinon wurde nach den Angaben von LIEBERMANN[1] bereitet. Beim Schütteln mit Natronlauge färbt sich die Lösung zuerst grün und scheidet dann hellrotes Chrysochinon ab. Bei Anwendung von Barytwasser macht sich der beim Dihydrophenanthrenchinon angegebene Übelstand ebenfalls und in noch stärkerem Grade bemerkbar. Es bilden sich tabakbraune Abscheidungen (Chinhydron), welche kaum noch weiter oxydiert werden. Ich habe daher so lange geschüttelt — zuerst mit der Hand, dann auf der Schüttelmaschine — bis die Einstellung in der Gasbürette konstant geworden war, und die Zersetzung durch Permanganat wie früher ausgeführt.

Kontrolversuche zeigten, daß dies unbedenklich ist, da die Substanz, direkt oder nach teilweiser Oxydation (nach dem Schütteln mit Alkali und Luft mit angesäuertem Wasser ausgewaschen) mit $KMnO_4$ und Schwefelsäure behandelt, keine Gasentwickelung gab.

Das erste Stadium der Oxydation, die Oxydation des Hydrochinons, verläuft sehr rasch.

Hydrochrysochinon.

Verbrauchter Sauerstoff	Entwickelter Sauerstoff	Dauer	Beleuchtung
11,9	11,3	ca. $^1/_2$ Stde.	Tag
16,4	15,6	ca. $^1/_2$ „	Gaslicht
31,0	30,0	ca. $^3/_4$ „	Teilw. direktes Sonnenlicht
18,9	17,9	ca. $^1/_2$ „	Tag

[1] LIEBERMANN, Liebig's Ann. **158**, 312; BAMBERGER u. BURGDORF, Ber. d. deutsch. chem. Ges. **23**, 2437. Das Chrysen verdankte ich der Freundlichkeit des Herrn Prof. ABEGG.

Das Ergebnis ist das gleiche wie bei den vorhergehenden Fällen: Auf 1 Molekül Sauerstoffverbrauch wird 1 Atom aktiviert.

Auch das Retenhydrochinon[1] würde ein zur Untersuchung geeignetes Beispiel sein, insofern das Retenchinon wie Phenanthren- und Chrysochinon gegen Oxydationsmittel genügend widerstandsfähig ist. Der oben erwähnte, durch die Bildung des Chinhydrons verursachte Übelstand macht sich aber hier noch unangenehmer bemerkbar. Da außerdem das quantitative Ergebnis voraussichtlich das gleiche gewesen wäre, wie in den anderen Fällen, so habe ich mich hier begnügt, die Sauerstoffaktivierung qualitativ festzustellen.

Von Derivaten höherer Kohlenwasserstoffe wurde ebenfalls qualitativ auch noch das Verhalten des Chrysarobins[2] mit dem gleichen Resultat geprüft.

Aus dem Vorstehenden ergeben sich einige allgemeine Anhaltspunkte dafür, wie die Oxydation der Phenole an der Luft überhaupt verläuft.

Bei den höheren Kohlenwasserstoffen, wo ein widerstandsfähiger Körper gebildet wird, bleibt die Oxydation hier stehen, und man findet dann, je nach den Versuchsbedingungen am Schlusse der Operation einen Teil oder die ganze Menge des entstandenen Wasserstoffsuperoxyds vor.

Bei den Oxybenzolen tritt dagegen ein solches widerstandsfähiges Oxydationsprodukt nicht auf; dadurch entsteht ein sehr verwickeltes System nebeneinander verlaufender Reaktionen.

Hat man z. B. eine alkalische Hydrochinonlösung, so wird sich wohl zuerst Chinhydron bilden und aus diesem Chinon[3]. Alle drei Körper nehmen Sauerstoff auf und erzeugen Superoxyd, welches mit jedem der vorhandenen Körper wieder reagieren wird; dann werden sich oxychinonartige Verbindungen bilden,

---

[1] Bamberger u. Hooker, Liebig's Ann. **229**, 124.

[2] Liebermann u. Seidler, Liebig's Ann. **212**, 29.

[3] Chinon absorbiert bei Gegenwart von Alkali Sauerstoff und zwar, nach meiner Beobachtung, unter Superoxydbildung. Das Gleiche fand ich beim Purpurogallin.

schließlich werden derartig mit Sauerstoff beladene Verbindungen entstehen, daß der Benzolring dem Angriffe des gasförmigen und des aktivierten Sauerstoffs nicht mehr zu widerstehen vermag und gesprengt wird.

Die Isolierung der entstehenden Zwischenprodukte ist demnach sehr schwierig. Neuerdings ist es BERTHELOT[1] beim Pyrogallol gelungen einige derselben zu gewinnen. Sie stehen nach Bildung und Zusammensetzung dem chinhydronartigem Purpurogallin[2] nahe, welches auch unter der Wirkung anderer schwacher Oxydationsmittel entsteht.

Die Naphtole nehmen eine Zwischenstellung ein. Die Hydrochinone des Naphtalins z. B. liefern bei der Oxydation Naphtochinone, letztere nehmen nun zwar bei Gegenwart von Alkali Sauerstoff auf; die ersten Produkte der Oxydation, die Oxychinone sind jedoch verhältnismäßig leicht zu fassen.[3] Hierbei wird Sauerstoffaktivierung erfolgen. Beobachtet habe ich dieselbe bei dem von VOLHARD[4] dargestellten Phenylhydroxynaphtol, welches in alkalischer Lösung zu Phenylhydroxynaphtochinon oxydiert wird. (Letzteres entsteht auf die gleiche Weise auch direkt aus Phenylnaphtochinon).

Neben dem Oxychinon beobachtet man jedoch bei diesen Oxydationen sehr häufig das Auftreten schmieriger oder harziger Produkte. Dieser Umstand weist auf eine teilweise Zerstörung des Moleküls hin, und zwar wird dieselbe eben durch das gebildete Superoxyd bewirkt werden.

Instruktiv ist in letzterer Hinsicht, daß Juglon (5 Oxy-α-Naphtochinon) in alkalischer Lösung durch Luft zu Oxyjuglon

---

[1] C. r. d. l'Acad. des sciences **126**, 1066. 1459. (1898). Ann. chim. [7], **15**, 289 (1898).

[2] BERTHELOT nimmt sowohl für das Purpurogallin (nach CLERMONT und CHAUTARD) wie für die von ihm erhaltenen Verbindungen Formeln mit 20 Kohlenstoffatomen an. (BEILSTEIN's Handbuch schreibt für Purpurogallin $C_{18}H_{14}O_9$). Damit diese Verbindungen entstehen können, muß demnach bei einem Teil des Phenols schon Zerstörung des Benzolkerns eintreten.

[3] Analog verhält sich nach ZINCKE offenbar das Naphtopyrogallol LIEBIG's Ann. **295**, 19.

[4] Liebigs Ann. **296**, 18, 29.

(Dioxy-α-Naphtochinon) oxydiert wird[1], daneben aber sehr viel harzige Produkte auftreten, während andererseits durch direkte Behandlung von Juglon mit alkalischem Wasserstoffsuperoxyd α-Oxyphtalsäure entsteht[2], der Naphtalinring also zur Hälfte aufgespalten wird.

II. Die Autoxydation von Hydrazokörpern.

Es erschien wünschenswert, die bei den oben beschriebenen Versuchen benutzte Methode auch in anderen Fällen, bei Körpern von indifferentem oder doch nicht saurem Charakter zu erproben. Ein leicht oxydierbarer Körper von indifferentem Charakter ist z. B. das Hydrazobenzol.

In der That beobachtete ich, daß beim Schütteln desselben mit Barytwasser Superoxydbildung erfolgt. Die Sauerstoffaufnahme geht jedoch so langsam vor sich, daß ich vor der Hand von einer quantitativen Untersuchung abgesehen habe. Dagegen boten sich in den von Thiele und Manchot[3] genauer untersuchten Hydrazotriazolen

geeignete Analoga des Hydrazobenzols. Dieselben entstehen durch Reduktion der Azotriazole, letztere durch Oxydation von Amidotriazolen mit Permanganat bei Gegenwart von Ätznatron. Die Hydrazotriazole bilden, da der Triazolring noch schwach basisch ist, Chlorhydrate, welche ziemlich beständig sind.

[1] Mylius, Ber. d. deutsch. chem. Ges. **18**, 469.

[2] Bernthsen u. Semper, Ber. d. deutsch. chem. Ges. **20**, 937.

[3] Liebigs Ann. **303**, 49.

In Lösung, zumal bei Gegenwart von Alkali, oxydieren sie sich dagegen an der Luft sehr rasch unter Gelbfärbung infolge Bildung von Azotriazol, während bei Luftabschluß keine Färbung erfolgt.

Giebt man nur so viel Barythydrat hinzu, als nötig ist, um die Hydrazoverbindung in Freiheit zu setzen, so erfolgt die Oxydation erheblich langsamer als bei Gegenwart eines Überschusses von Ba $(OH)_2$; versetzt man nämlich die Lösung des Hydrazotriazolchlorhydrats mit überschüssigem starkem Barytwasser und schüttelt heftig bei Luftzutritt, so bemerkt man schon nach $^1/_2$ bis 1 Minute die Abscheidung charakteristischer glänzender Krystallflitter. Der Niederschlag gleicht äußerlich vollkommen demjenigen, welchen man beim Vermischen von Wasserstoffsuperoxydlösung mit Barytwasser erhält. Die Menge des gebildeten Wasserstoffsuperoxyds wurde gasometrisch, wie oben S. 16 bestimmt. Die durch die Oxydation entstehenden Azotriazole sind gegen Oxydationsmittel sehr beständig.

Da sich salzsaures Hydrazotriazol $C_4N_8H_6 . 2HCl$ und Hydrazomethyltriazol $C_6N_8H_{10} . 2HCl$[1], wenn auch etwas mühsam, rein darstellen lassen, so war hier zugleich die Möglichkeit gegeben, genau gewogene Substanzmengen anzuwenden und die verbrauchte Sauerstoffmenge mit der theoretisch berechneten zu vergleichen.

I. Hydrazotriazol (50 ccm Barytwasser, Faktor: 0,25).

Verbrauchter Sauerstoff in ccm	Entwickelter Sauerstoff in ccm	Temperatur und Druck	Substanz in g	für 1 O ber. Sauerstoff in g	$^1/_2$ Absorption in g	Zeitdauer der Oxydation	Beleuchtung
27,0	26,6	9°; 742 mm	0,3233	0,0216	0,0180	8—10 Min.	Gaslicht
26,9	26,4	15°; 741 mm	0,3113	0,0208	0,0175	6 „	Tageslicht
20,8	20,5	18°; 742 mm	0,2172	0,0145	0,0133	5—6 „	Tageslicht
14,2	14,1	15,5°; 758 mm	0,1638	0,0109	0,0099	5—6 „	Tageslicht

[1] THIELE u. HEIDENREICH, Ber. d. deutsch. chem. Ges. **26**, 2601.

II. Hydrazomethyltriazol (50 ccm Barytwasser, Faktor: 0,25).

Verbrauchter Sauerstoff in ccm	Entwickelter Sauerstoff in ccm	Temperatur und Druck	Substanz in g	Berechneter Sauerstoff in g	Gefunden (1/2 Absorption) in g	Dauer[1] der Oxydation	Beleuchtung
37,2	37,2	14°/739	0,4368	0,0262	0,0242	25—30 Min.	Tageslicht
27,6	27,3	13°/738	0,3106	0,0186	0,0180	20 „	Gaslicht
25,0	25,2	15°/744	0,3086	0,0185	0,0163	25 „	Tageslicht

Die beiden Versuchsreihen zeigen, daß auch hier bei der Zersetzung mit Permanganat ebensoviel Sauerstoff entwickelt wird, wie vorher absorbiert war. Sie lassen ferner mit genügender Deutlichkeit erkennen, daß die verbrauchte Sauerstoffmenge doppelt so groß ist, als nötig wäre, wenn aus der Hydrazoverbindung nur Azokörper + 1 Molekül Wasser entstände. Der quantitative Verlauf entspricht also der Gleichung:

$$C_2HN_3-\underset{H}{N}-\underset{H}{N}-C_2HN_3 + O_2 = C_2HN_3-N=N-C_2HN_3 + H_2O_2.$$

III. Theoretisches.

Bei allen im Vorstehenden untersuchteu Oxydationsvorgängen wird doppelt so viel Sauerstoff verbraucht, als zur Bildung des eigentlichen Oxydationsproduktes (im gewöhnlichen Sinne) nötig wäre; d. h. die Hälfte des Gesamtverbrauchs an Sauerstoff wird zur Bildung eines Superoxyds verwendet oder „aktiviert“.

Das gleiche quantitative Ergebnis hat Jorissen[2] bei der Oxydation des Benzaldehyds und einiger anderer Körper erhalten. Dennoch können die von mir erhaltenen Resultate keineswegs zur Unterstützung der van't Hoff'schen Hypothese herangezogen

[1] Die längere Dauer dieser Versuche ist nur zum Teil einer größeren Beständigkeit der Methylverbindung zuzuschreiben, da infolge Verwendung einer Schüttelmaschine weniger wirksam geschüttelt worden war.

[2] Zeitschr. f. physik. Ch. **22**, 46.

werden, höchstens unter der Voraussetzung, daß das Wasserstoffsuperoxyd seine Entstehung einer Oxydation des Wassers durch aktivierten Sauerstoff verdanke, wogegen jedoch von anderen Forschern, insbesondere von TRAUBE[1] bereits vieles eingewendet worden ist. Andererseits haben ENGLER und WILD, wie schon erwähnt, gezeigt, daß in vielen Fällen, und speziell in den von JORISSEN untersuchten, Superoxyde der oxydablen Körper entstehen, welche ein Sauerstoffatom an andere oxydable Substanzen abgeben, oder sich mit Wasser zu Wasserstoffsuperoxyd umsetzen können. ENGLER hebt daher auch mit Recht hervor, daß bei der Untersuchung der Autoxydationsvorgänge auf die Entstehung derartiger Superoxyde besonders zu achten ist.

Wenn sich nun auch gegen die von ENGLER gefundenen Thatsachen nichts einwenden läßt, so bleibt es doch vor der Hand noch fraglich, ob die primäre Entstehung von Superoxyden der oxydablen Körper die allgemeine Bedingung für die Sauerstoffaktivierung überhaupt ist, wie ENGLER[2] neuerdings schärfer zu betonen scheint, oder ob sie nicht vielmehr zwar eine große Anzahl aber doch immerhin nur einen Teil der Fälle umfaßt.

Die Sauerstoffaktivierung bei der Autoxydation organischer Substanzen ist allem Anschein nach eine so allgemeine Erscheinung, daß es wohl schwierig sein dürfte, in allen Fällen, wo sie erfolgt, Superoxyde zu formulieren. Vielleicht liegen die Verhältnisse doch komplizierter als die äußerliche Ähnlichkeit zwischen den Vorgängen vermuten läßt, und bestehen größere Differenzen zwischen den verschiedenen Fällen.

Bei den von mir quantitativ untersuchten Oxydationsvorgängen wird am Schlusse der Operation W a s s e r s t o f f s u p e r o x y d (bezw. BaO_2) vorgefunden. Entsteht es nun primär, oder sekundär durch Umsetzung aus einem intermediär gebildeten Superoxyd? Daß ein solches nicht auftritt, läßt sich nun zwar nicht direkt beweisen, wohl aber ist seine Existenz in hohem Grade unwahrscheinlich. Zumal beim Oxanthranol und den Hydrazo-

---

[1] Vgl. auch BODLÄNDER a. a. O.

[2] Ber. d. deutsch. chem. Ges. **31**, 3052.

triazolen spricht die außerordentliche Geschwindigkeit des Reaktionsverlaufs dagegen. Es würde ein leichtes sein, besonders bei ersterem durch geeignete Versuchsbedingungen, wie äußerst wirksames Schütteln, energische Sauerstoffzufuhr dieselbe noch erheblich über die angegebenen Zeiten zu steigern. Das Superoxyd müßte sich also nicht nur momentan bilden, sondern auch momentan umsetzen.

Ferner lassen die Formeln des Oxanthranols und Anthrachinons die Möglichkeit eines Superoxyds nur schwer einsehen; das gleiche gilt von dem Hydrazobenzol; solche Superoxyde würden jedenfalls sehr hypothetisch sein.

Wie die neueren Untersuchungen von BAMBERGER[1] und WOLFFENSTEIN[2] wiederum zeigen, hat man sogar umgekehrt mit der Möglichkeit zu rechnen, daß durch wie auch immer entstandenes Wasserstoffsuperoxyd organische Superoxyde entständen. Auch sind die von jenen Autoren beschriebenen Superoxyde gegen Wasser sehr beständig; sie werden, soviel ich den Angaben BAMBERGERS entnehme, von Alkalien erst in der Wärme allmählich verändert.

Die thatsächliche Auffindung eines Superoxyds braucht demnach, wenn die Autoxydation bei Gegenwart von Wasser erfolgte, nicht immer dessen primäre Entstehung zu erweisen; es müßte denn im einzelnen Falle festgestellt sein, daß dieses Superoxyd durch direkte Einwirkung von Wasserstoffsuperoxyd auf den oxydablen Körper und dessen Oxydationsprodukt nicht entsteht. Und selbst ein solches negatives Resultat ist noch nicht durchaus als absoluter Beweis für die primäre Entstehung des Superoxyds anzusehen. Bekanntlich zeigt gerade das Wasserstoffsuperoxyd den verschiedensten Substanzen (Indigosulfosäure, Jodwasserstoffsäure u. a.) gegenüber eine Verzögerung der Reaktion; demnach ist es auch wohl möglich, daß eine fertige selbst frisch bereitete Lösung von Wasserstoffsuperoxyd, wie sie für derartige Kontrollversuche zur Anwendung käme, doch nicht eine ebenso stark oxydierende Wirkung ausüben würde, wie ein im

[1] Ber. d. deutsch. chem. Ges. **32**, 343.

[2] Ber. d. deutsch. chem. Ges. **31**, 1553.

Moment der Entstehung zur Wirkung kommendes Wasserstoffsuperoxyd. Die Frage ist demnach nicht leicht zu entscheiden.

Vielleicht wird hier eingewendet werden, daß eine stärkere, über die des Wasserstoffsuperoxyds hinausgehende Oxydationswirkung, die also nur von einem organischen Superoxyd herrühren könnte, trotz der Gegenwart von Barythydrat hervorgetreten wäre, wenn man bei der Oxydation einen anderen Stoff zur Wegnahme des aktivierten Sauerstoffs zugesetzt hätte. Leider konnte ich einen hierfür geeigneten Stoff jedoch bisher nicht auffinden.

Arsenige Säure[1] kam schon wegen der Schwerlöslichkeit ihrer Baryumsalze garnicht in Betracht; auch Indigosulfosäure ist nicht zu brauchen; denn sie wird wie Vorversuche mit Indigosulfosäure + Barytwasser + H_2O_2 zeigten, sei es direkt, sei es bei einer der zur quantitativen Untersuchung unvermeidlichen Zwischenoperationen, auch durch H_2O_2 beträchtlich oxydiert.

Die Ausführung dieses Versuches hätte aber, nach meiner Ansicht auch wenig Bedeutung; denn gesetzt, es entstände ein intermediäres Superoxyd, so wäre es doch ungerechtfertigt anzunehmen, daß dieses — zumal bei der großen Geschwindigkeit der Oxydation — seinen Sauerstoff nur oder auch nur größtenteils an den zugesetzten Körper nicht an den Rest des so äußerst leicht oxydierbaren Oxanthranols u. s. w. abgäbe.

Aus diesem Grunde spricht auch der Umstand, daß mit Barytwasser **konstante** Zahlenwerte resultierten, gegen das Auftreten eines organischen Superoxyds.

Bei der Oxydation des in Wasser schwer löslichen Benzaldehyds ist eine solche Bevorzugung der gelösten Indigosulfosäure durch den aktivierten Sauerstoff durchaus einleuchtend.[2]

---

[1] Die JORISSEN verwendet hat.

[2] Daß beim Benzaldehyd die Verhältnisse in der That ganz anders liegen, machen auch die folgenden, freilich etwas rohen Versuche wahrscheinlich.

Gewogene Mengen reinen Benzaldehyds, etwa 0,3 g wurden in Glasröhrchen eingeschmolzen mit 20 ccm Barytwasser ($^1/_4$ norm.) in das Schüttelgefäß des oben beschriebenen Apparats gebracht; darauf wurde durch heftiges Schütteln das Glasröhrchen zerbrochen und das Absorptionsgefäß,

Wenn nun in der That in den hier untersuchten Fällen das Wasserstoffsuperoxyd nicht von einem intermediären Superoxyd herstammen sollte, so könnte es einfach durch direktes Wegoxydieren zweier Wasserstoffatome entstanden sein, also Wasserstoffsuperoxyd, nicht Wasser wäre das primäre Produkt der Oxydation solcher locker gebundenen Wasserstoffatome.

$$RH_2 + O_2 = R + H_2O_2.$$

Es ist hierbei zunächst gleichgültig, ob diese Oxydation direkt durch Aufnahme ganzer Sauerstoffmoleküle, wofür sich neuerdings wieder Bach[1] ausgesprochen hat, oder nach M. Traube durch Vermittelung der Hydroxyle des Wassers zu Stande kommt. Die erstere Auffassung hat den Vorzug der Einfachheit, und ich halte sie daher gegenwärtig für die plausibelste.

Denn wenn ein oxydabler Körper sich von einem anderen nicht oxydablen nur durch einen Mehrgehalt von zwei Wasserstoffatomen unterscheidet, wie es hier der Fall ist, so muß man die Ursache seiner Oxydierbarkeit doch offenbar in der Gegenwart dieser Wasserstoffatome sehen.

Daran schließt sich ungezwungen die weitere Annahme, daß zunächst diese Wasserstoffatome mit dem Sauerstoff reagieren werden.

Will man diesen Schluß nicht als berechtigt anerkennen, so bleibt nur noch eine Möglichkeit, nämlich die, daß die Gegenwart solcher Wasserstoffatome der Verbindung eine besondere Fähigkeit Sauerstoff zu addieren verleihe. In den vorliegenden Fällen stößt man jedoch auf große Schwierigkeiten, wenn

---

während der Apparat an einem hellen Platz stand, sehr häufig geschüttelt. Nach 48 Stunden war Volumverminderung um 19, ein anderes Mal um 11 und 23 ccm erfolgt. Die Behandlung mit $KMnO_4$ in der früher S. 16 beschriebenen Weise ergab ein negatives Resultat; eine nennenswerte Volumänderung war kaum zu bemerken. Eine nähere Prüfung dieser Verhältnisse habe ich mit Rücksicht auf die Untersuchungen von Jorissen absichtlich unterlassen. Vgl. hierzu auch Brodie, Liebigs Ann. Suppl. **3**, 207.

[1] Moniteur scientifique **4**, (II) **2**, 479. (1897); d. h. nicht für Fälle, wie die von mir untersuchten, sondern im Gegensatz zu der Traube'schen Theorie der indirekten Bildung des H_2O_2.

man derartige Superoxyde O_2RH_2 formulieren will, wenigstens ohne den Boden der herrschenden Valenzlehre zu verlassen.[1]

IV. Über den Einfluß des Alkalis auf die Autoxydation.

Die im Vorstehenden angenommene Erklärung der hier behandelten Oxydationserscheinungen giebt keine Rechenschaft davon, welchen Einfluß die Gegenwart von Alkali auf die Autoxydationsvorgänge hat.

Wirft man diese Frage auf, so betritt man ein sehr schwieriges Gebiet, auf welchem man sich noch mehr als bei den oben beschriebenen Versuchen vor voreiligen Schlüssen zu hüten hat, wenn man nicht Täuschungen ausgesetzt sein will.

Diese Frage ist bisher noch kaum studiert worden. Wiederum wird es also nötig sein, zunächst nur möglichst einfache Fälle zu untersuchen.

Ich scheide deshalb von der Betrachtung die Metalle (d. h. den Fall der Oxydation blanker Metalle) aus, da bei diesen wohl besondere Verhältnisse vorliegen, und ich mich mit ihnen nicht beschäftigt habe.[2]

Zunächst erhebt sich die Frage, ob der Einfluß des Alkalis auf den Oxydationsverlauf durch den chemischen Charakter (sauren oder basischen) der oxydablen Substanz bedingt wird.

Die oben besprochenen Fälle mögen mit Rücksicht darauf folgendermaßen klassifiziert werden:

1. Aus einer Säure entsteht ein saurer Körper. Beispiel: Pyrogallol und ähnliche Phenole.

[1] Thut man das letztere, so wäre wohl auch die Addition von mehr als einem Molekül Sauerstoff (anstatt einem auf 2 H) denkbar; man würde dann nicht immer das Verhältnis $O_2:H_2O_2$ antreffen, sondern auch ein anderes $n.O_2:H_2O_2$. — Es scheint mir demnach vorläufig zweckmäßig, zu unterscheiden, ob die Oxydierbarkeit der Substanz auf der Gegenwart eines solchen Paares von Wasserstoffatomen beruht, oder ob die Verbindung dem Sauerstoff gegenüber gewissermaßen ungesättigt ist.

[2] Für sie ist eine Verzögerung der Oxydation durch Alkalien anzunehmen. Vgl. IHLE, Zeitschr. f. phys. Ch. **22**, 114.

2. Eine schwache Säure liefert einen indifferenten (d. h. weder sauren noch basischen) Körper. Beispiele: Oxanthranol → Anthrachinon, Dihydrophenanthrenchinon → Phenanthrenchinon u. a., ferner die Oxydation von Indigoweiß zu Indigo.[1] Vgl. SCHÖNBEIN „Über das Verhalten des Sauerstoffs zur wässrigen Lösung des mit Alkalien vergesellschafteten reduzierten Indigos".[2]

3. Ein indifferenter Körper liefert eine schwache Säure. Beispiel: Naphtochinon → Oxynaphtochinon.

4. Eine schwache Base liefert einen schwach sauren Körper: Hydrazotriazol → Azotriazol.

In allen diesen Fällen findet durch die Gegenwart des Alkalis eine Beschleunigung der Oxydation statt.[3] Der Nachweis der Thatsache soll im Einzelnen jedesmal der Besprechung der Ursachen vorangehen.

ad 1. Bezüglich des Pyrogallols und ähnlicher Phenole braucht nur an die gebräuchliche Verwendung alkalischer Pyrogallollösungen zur Sauerstoffabsorption in der Gasanalyse erinnert zu werden.

Diese Phenole sind zum Teil in Wasser leicht löslich, oxydieren sich aber in wässriger, alkalifreier Lösung nur äußerst langsam.[4] Eine Erhöhung der Löslichkeit durch das Alkali

---

[1] Die nähere Untersuchung dieses Falles, welche vielleicht auch praktisches Interesse für die Indigofärberei hat, habe ich in Angriff genommen.

[2] J. f. ph. Ch. **81**, 14 (1866).

[3] Wenn hier und im Folgenden von Oxydationsgeschwindigkeit die Rede ist, so ist nur die Geschwindigkeit der Sauerstoffaufnahme ins Auge gefaßt (nicht die Gesamtoxydation des Stoffes), was jedesmal zu wiederholen, schwerfällig sein würde.

[4] Z. B. ließen 0,5 g Hydrochinon in 50 ccm Wasser gelöst (bei 20°) nach $1^1/_4$ Stunden weder Gelbfärbung (Chinon) noch Volumänderung (im Nitrometer) erkennen. Bei einem anderen Versuch zeigten 0,5 g nach 24 Stunden keine Gelbfärbung und beim Öffnen des Gefäßes nur eine Spur von Chinongeruch. Gegen Spuren von Alkali ist das Hydrochinon dagegen so empfindlich, daß man es zum Nachweis sonst kaum wahrnehmbarer Mengen von Alkali benutzen könnte. So hatte ich einmal, um den etwaigen Einfluß von Neutralsalzen zu kontrollieren, da ja die Gegenprobe auf diesem Gebiet immer unerläßlich ist, eine gerade zur Hand stehende Kochsalzlösung benutzt. Auffallenderweise trat im Laufe von 1 Stunde allmählich Gelbfärbung und geringe Volumabnahme im Apparat ein (beim Öffnen

kommt daher in diesen Fällen nicht als Ursache der Beschleunigung in Betracht.

Wohl aber könnte die letztere darauf beruhen, daß die Alkalisalze reaktionsfähiger wären, als die freien Phenole. Dies ist zwar keine Erklärung, sondern nur ein anderer Ausdruck der Thatsache; vielleicht wäre jedoch der Schluß erlaubt, daß dann das Maximum der Wirkung eintreten sollte, wenn genau die zur Bildung der Salze nötige Menge Alkali verwendet wird. Über diese Frage liegen bereits Untersuchungen von Weyl und Zeitler[1] vor. Aus denselben ist jedoch nicht allzuviel zu entnehmen. Die Versuche sind so angestellt, daß ein gemessenes Volumen Luft mit gleicher Geschwindigkeit durch alkalische Pyrogallollösung geleitet und bestimmt wurde, bei welcher Konzentration der größte Prozentsatz des Luftsauerstoffs absorbiert war.

Die Sauerstoffaktivierung haben diese Forscher, wie es scheint, nicht berücksichtigt. Nun ist es aber sehr wohl möglich, ja wahrscheinlich, daß die oxydierende Wirkung des durch die Oxydation gebildeten Alkalisuperoxyds ebenfalls von der Konzentration des Alkalis abhängt, also daß je nach dem Grade der letzteren die oxydable Substanz, die Wirksamkeit der Lösung, verschieden schnell abnehmen kann. Weyl und Zeitler fanden nun zwar, daß ein Maximum der Absorption anscheinend vorliegt, wenn sie soviel NaOH anwendeten, als zur Bildung des Salzes $C_6H_3(ONa)_3$ erforderlich ist; die Versuche mit Kalilauge stimmen jedoch damit nicht überein; hier fanden sie ein Maximum, wenn 0,25 g Pyrogallol in 10 ccm Kalilauge vom spez. Gew. 1,05 gelöst waren, was etwa dem doppelten der zur Bildung des Trikaliumsalzes erforderlichen Menge KOH entspricht.[2]

Chinongeruch), obgleich die Kochsalzlösung weder mit Phenolphtaleïn noch mit Lackmus reagierte. Bei aufmerksamer Prüfung mit Hilfe von Äthylorange konnte ich dann feststellen, daß die betr. Kochsalzlösung in der That äußerst schwach alkalisch reagierte. Bei der Wiederholung des Versuches mit einer Lösung von reinem Chlornatrium verhielt sich das Hydrochinon ebenso beständig wie in wässeriger Lösung.

[1] Liebigs Ann. **205**, 255. Ber. d. deutsch. chem. Ges. **14**, 2666.

[2] Die meisten Angaben dieser Forscher über die Konzentration des Alkalis beziehen sich nicht auf Äquivalente, sondern auf spezifische Gewichte.

Vor kurzem hat BERTHELOT[1] den Einfluß des Alkalis bei der Sauerstoffabsorption durch Pyrogallol aufs neue untersucht. Er kommt zu dem Schluß, daß die Sauerstoffabsorption ihrer Quantität nach annähernd konstant und unabhängig davon sei, ob man 1 oder 3 Mol. KOH in Anwendung bringe. Ob damit zugleich gesagt sein soll, daß auch die Geschwindigkeit der Aufnahme, auf die es hier ankommt, nicht beeinflußt werde, muß dahingestellt bleiben. Die Beobachtung wurde durch allerlei störende Nebenerscheinungen erschwert.

Sichere Schlüsse lassen sich demnach für den vorliegenden Zweck aus diesen Arbeiten nicht ziehen.

Es dürfte auch wohl schwierig sein die Untersuchung des Pyrogallols so einzurichten, daß derartige Schlüsse sicher möglich sind, zumal bei der Oxydation dieses Körpers auch Kohlenoxyd auftritt, was für gasometrische Bestimmungen jedenfalls sehr störend ist.

Doch ist es nach den vorhandenen Untersuchungen wahrscheinlich, daß ein Überschuß an Alkali die Sauerstoff-Absorption befördern kann.[2]

Fragt man nun, aus welchem Grunde die Alkalisalze (eventuell bei Anwesenheit von überschüssigem Alkali) stärker mit dem gasförmigen Sauerstoff reagieren, so würde man zunächst einmal in Betracht ziehen können, daß diese Alkalisalze in wässriger Lösung elektrolytisch gespalten sind, und zwar mehr als die freien Phenole; die Ionen könnten eventuell dem Sauerstoff gegenüber reaktionsfähiger sein als die nicht ionisierten Verbindungen. Dann würde die Thatsache, daß ein Überschuß an Alkali über die zur Bildung der Salze erforderliche Menge die Oxydation beschleunigt, daraus zu erklären sein, daß diese Alkalisalze auch hydrolytisch gespalten sind und überschüssiges Alkali die Hydrolyse zurückdrängt, also die Anzahl der reaktionsfähigen Ionen vermehrt, die Konzentration der nicht dissoziierten Säure vermindert. Doch hat die eben ge-

[1] C. r. d. l'Acad. des Sciences **126**, 1066 u. 1459 (1898). Ann. chim. [7] **15**, 289 (1898).

[2] Ein Überschuß an Alkali ist nach dem letztgenannten Forscher für die glatte Aufnahme des Sauerstoffs von Vorteil.

machte Annahme einer größeren Reaktionsfähigkeit der Phenolionen nicht viel Wahrscheinlichkeit.

ad 2. Das in Wasser nichtlösliche Oxanthranol oxydiert sich bei Gegenwart von Alkali natürlich schon deshalb rascher, weil es von letzterem gelöst wird. Im übrigen gelten auch hier die obigen Ausführungen über die Oxydationsfähigkeit der Alkalisalze, doch scheinen mir gerade in Bezug darauf die folgenden Beobachtungen nicht ohne Interesse zu sein:

Oben wurde bereits erwähnt, daß sich das Oxanthranol mit Soda und Cyankalium schwächer färbt als mit kaustischem Alkali.

Mit Lösungen von Borax und Dinatriumphosphat ($^1/_{10}$ normal inbezug auf Na) übergossen, läßt es keine Farbenänderung erkennen; das Filtrat ist ebenfalls farblos und wird durch Natronlauge nicht gerötet (unter Luftabschluß ausgeführt). Die Boraxlösung löst demnach, so sollte man meinen, das Oxanthranol nicht; dennoch verläuft die Oxydation unter dem Einfluß von Borax oder Natriumphosphat ganz beträchtlich schneller als beim Schütteln mit Wasser.

Nachgewiesen habe ich dies in folgender Weise:

Oxanthranol wurde in dem Schüttelgefäß des oben beschriebenen Apparats mit 50 ccm Wasser übergossen und 1 Minute mit der Hand oder auf der Schüttelmaschine geschüttelt. Schütteln mit der Hand war wirksamer als mit einer Schüttelmaschine; es läßt sich bei einiger Übung und Geduld, wenn man in einem bestimmten Takt schüttelt und den Sekundenzeiger der Uhr im Auge behält, sehr gleichmäßig bewirken.

Nach einer bestimmten Zeit wurde die Absorption nach erfolgter konstanter Einstellung gemessen. Hierauf wurden 25 ccm Borax oder Natriumphosphatlösung zugesetzt und wiederum nach vollkommener Durchmischung die konstante Einstellung abgewartet (Schüttelgefäß unter Wasser) und dann aufs neue 1 Minute geschüttelt.

Die folgenden Zahlen zeigen, daß dieses Verfahren brauchbare Versuchsdaten liefert:

	Flüssigkeitsvolumen	Schüttelzeit	Absorption
1.	50 ccm Wasser	1 Minute (Hand)	6,7 ccm
	dazu 25 „ $^1/_{10}$ Borax	1 „ „	15,0 „

	Flüssigkeitsvolumen			Schüttelzeit			Absorption
2.	50	„	Wasser	1	„	„	5,7 „
	dazu 25	„	$^1/_{10}$ Borax	1	„	„	15,4 „
3.	50	„	Wasser	1	„	(Maschine)	2,3 „
	dazu 20	„	$^1/_{10}$ Borax	1	„	„	6,0 „
4.	50	„	Wasser	1	„	(Hand)	2,2 „
	dazu 20	„	$^1/_{10}$ Naphosphat	1	„	„	12,8 „
5.	50	„	Wasser	1	„	„	2,9 „
	dazu 20	„	$^1/_{10}$ Naphosphat	1	„	„	12,0 „

Trotzdem also die Menge der oxydablen Substanz in der 2. Minute kleiner ist als in der 1., außerdem in der 2. Minute auch noch durch das bereits gebildete Wasserstoffsuperoxyd verbraucht wird, und das eingeschlossene Luftvolumen noch verkleinert ist, wird durch Borax und Natriumphosphat doch eine erhebliche Beschleunigung erzielt. Dieselbe ist auch daran zu erkennen, daß die hellgrünen Partikelchen des Oxanthranols an Menge viel schneller abnehmen.

Diese Beschleunigung beruht nicht etwa auf der größeren Verteilung der Substanz, wie folgende Versuche zeigen:

						I	II
50	„	H_2O	1	Minute	(Hand)	3,8	3,8
dazu 20	ccm	Wasser	1	„	„	3,2	4,2
dazu 20	„	$^1/_{10}$ Borax	1	„	„	14,5	12,8

Nun sollte man doch annehmen, daß die intensive Rotfärbung des Oxanthranols durch Ätzalkalien analog wie beim Phenolphtalëin auf der durch das Alkali bewirkten Dissoziation, der Anwesenheit eines gefärbten Jon's beruhe. Da sich das Oxanthranol mit Borax und Natriumphosphat nicht rot färbt, so müssen in einer Lösung dieser Salze infolge ihrer hydrolytischen Spaltung schon genug Wasserstoffionen vorhanden sein, um die Ionisierung des Oxanthranols zu verhindern oder doch zurückzudrängen. Die Ionisierung des Oxanthranols kann demnach nicht die Ursache der Beschleunigung bilden. Vielmehr drängte sich mir durch diese Beobachtungen die Vermutung auf, daß „katalytische“ Wirkungen des Alkalis hier eine Rolle spielen.

ad 3. Naphtochinon ⟶ Oxychinon. In diesem Fall ergiebt sich die Thatsache der Beschleunigung ohne weiteres, da das (indifferente) nicht wasserlösliche Naphtochinon sich beim

Schütteln mit Wasser, wenn überhaupt, nur sehr langsam oxydiert, bei Gegenwart von Alkali aber ziemlich rasch. Das Produkt der Oxydation, das Oxychinon, hat aber den Charakter eines Phenols also einer Säure; dadurch kommen auch hier eine Reihe von Momenten in Betracht, die nicht leicht zu übersehen sind.

ad 4. Hydrazotriazol ——➤ Azotriazol. Für die Oxydation dieser schwachen Base ist oben bereits angegeben worden, daß sie durch Barytwasser beschleunigt wird. Der Nachweis sei hier noch mitgeteilt; z. B. gaben

Salzsaures Hydrazotriazol		Versetzt mit:	Schüttelzeit	Absorption
0,2100 gr		genau der berechneten Menge verdünnten $^1/_{10}$ Barytwassers (2 Äquivalente),	7 Min.	0,0 ccm
	dazu	15 ccm Barytwasser (Fact. 0,25).	4—5 Min.	17,2 ccm
0,4 gr (teilweise oxydiert)		soviel verdünntem Barytwasser, daß gerade neutrale Reaktion eintrat,	10 Min.	0,0 ccm
	dazu	30 ccm Barytwasser (Fact. 0,25).	$2^1/_2$ Min.	17,0 ccm

Auch hier wäre wieder die Wirkung des Alkalis auf die Dissoziation und die Hydrolyse der oxydablen Base und der entstehenden schwachen Säure zu berücksichtigen.

Es würde nun sehr mühsam und äußerst schwierig sein, wenn man in solchen Fällen wie die bisher besprochenen feststellen wollte, ob der Gesamteffekt aller derartigen Umstände ausreicht, um die Wirkung des Alkalis hervorzurufen; man müßte dazu den Einfluß aller dieser Umstände wie Dissoziation, Hydrolyse etc. quantitativ bestimmen.

Ich glaubte deshalb auf einem anderen Wege schneller zu einem Einblick in diese Verhältnisse gelangen zu können.

Wenn sich auch in dem Falle, daß aus einem chemisch indifferenten Körper durch die Oxydation ein ebenfalls indifferenter Körper entsteht eine Beschleunigung durch Zusatz von Alkali nachweisen ließe, so würden die eben erwähnten Einflüsse aus der Betrachtung der Ursachen herausfallen und die Annahme einer besonderen Wirkung des Alkalis, einer katalytischen Beschleunigung der Sauerstoffaufnahme an Wahrscheinlichkeit gewinnen.

Einwandsfreie Beispiele dieser Art sind nun nicht ganz leicht zur Untersuchung zu bringen, zumal indifferente organische Körper meist auch in Wasser nicht löslich sind und bei unlöslichen Körpern die Oxydation viel zu langsam erfolgt. Doch glaube ich durch die folgenden Versuche den Beweis liefern zu können, daß auch in solchen Fällen Beschleunigung der Oxydation durch die Gegenwart von Alkali vorkommt. Nur ist es hierfür nötig, mit anderen Lösungsmitteln d. h. solchen, welche sowohl die betr. Substanz wie das Alkali lösen, zu operieren. Unter Verwendung verdünnten Alkohols als Lösungsmittel läßt sich z. B. das Verhalten des Hydrazobenzols prüfen, bei dem die quantitative Untersuchung des Oxydationsverlaufs, wie oben erwähnt, nicht möglich war, durch die Untersuchung des analogen Hydrazotriazols jedoch auch entbehrlich ist.

Die Versuche wurden mit Hilfe des oben beschriebenen Apparats ausgeführt. Als Sperrflüssigkeit in der Gasbürette diente Alkohol von gleicher Stärke.

Daß die Anwendung alkoholischer Lösungen zulässig ist, zeigte folgender Kontrollversuch. Das Schüttelgefäß wurde mit 100 ccm 90 % Sprit beschickt, die konstante Einstellung des wie früher unter Wasser befindlichen Apparats abgewartet, dann mehrere Minuten geschüttelt und wieder abgelesen. Das Niveau in der Bürette war konstant geblieben; das Gleiche war der Fall, als das Schütteln nach Zusatz von 50 ccm Sprit enthaltend 0,5 g metall. Na (= 0,87 g NaOH) wiederholt wurde.

	Schüttelzeit	Absorption
0,5 Hydrazobenzol 75 ccm 90 % Alkohol	1 Min.	0 ccm (unsicher um 0,1—0,3 ccm)
dazu 50 „ 90 % „ enth. 0,5 g Na = 0,87 NaOH	noch 1 „	6,2 ccm

Beim Mischen der alkoholischen Flüssigkeit mit der alkoholischen NaOH-Lösung trat keine Erwärmung ein; auch während der Oxydation wurde Erwärmung nicht beobachtet.[1]

[1] Eine geringe Erwärmung selbst um einige Grade kommt als Ursache der Erscheinung übrigens schon deshalb nicht in Betracht, weil diese Be-

Mehrfache Wiederholung des Versuches lieferte ein analoges Resultat, desgl. Versuche unter Zusatz von alkoholischer KOH-Lösung oder wässriger Kalilauge.

Die gleiche Erscheinung wurde beim o-Hydrazotoluol beobachtet, z. B.

		Schüttelzeit	Absorption[1]
0,5 g	75 ccm Sprit	1 Min.	0,0
nach Zusatz von	50 „ „ enthaltend 0,5 g Na = 0,87 g NaOH	nach 1 „	1,7

Die Beschleunigung der Oxydation ist auch an der intensiven Zunahme der Rotfärbung der Lösung (Azobenzol) leicht zu erkennen.

Biltz[2] hat vor kurzem gezeigt, daß das Benzaldehydphenylhydrazon bei der Oxydation mit Luft in wässrig-alkoholischer Lösung bei Gegenwart von Alkali Benzil-α-Osazon liefert, indem 2 Moleküle je 1 H-Atom abgeben und zusammentreten:

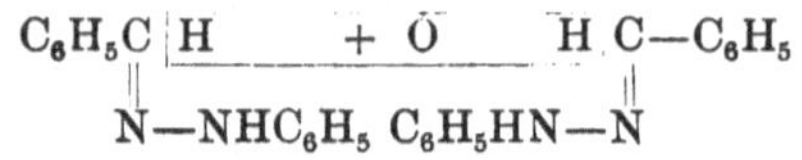

Ebenso liefert das Salicylaldehydphenylhydrazon unter den gleichen Bedingungen das Salicyl-α-Osazon:

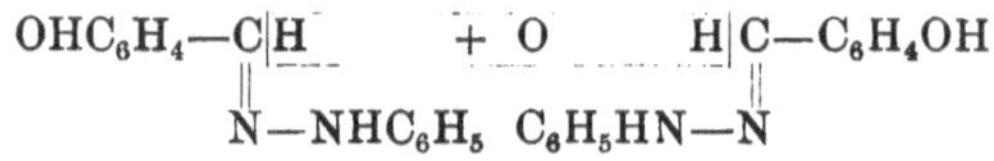

Diese Hydrazone sind indifferente Körper, ebenso die entstehenden Osazone. Nach Biltz ist das Alkali zur Ausführung dieser Oxydation durchaus nötig.[3]

Dies veranlaßte mich, mit dem Benzaldehydphenylhydrazon und dem Salicylaldehydphenylhydrazon die gleichen Versuche anzustellen wie mit dem Hydrazobenzol mit — beispielsweise — folgendem Resultat:

schleunigung natürlich ebensowohl beobachtet wird, wenn die zu mischenden Flüssigkeiten z. B. eine Anfangstemperatur von 15° besitzen, wie wenn die letztere 18° oder 20° beträgt.

[1] Die Substanz enthielt ziemlich viel Azoverbindung, daher wohl die geringere Absorption gegenüber dem Hydrazobenzol.

[2] Liebig's Ann. **305**, 165.

[3] l. c. und freundliche Privatmitteilung des Herrn Autors.

Salicylaldehyd-phenylhydrazon	gelöst in	Schüttelzeit	Absorption
1 g	100 ccm 90 % Alkohol	5 Min.	0,0 ccm
	dazu 50 „ „ „	weitere 5 „	4,1 „
	enth. 0,5 Na (= 0,87 NaOH)		
Benzaldehyd-phenylhydrazon			
1 g	100 ccm 90 % Alkohol	4 Min.	0,0 ccm
	dazu 50 „ „ „	weitere 4 „	4,2 „
	enth. 0,5 g Na = 0,87 NaOH		

Das Verhalten des Salicylaldehydhydrazons ist vielleicht nicht so beweisend, weil man hier wegen der Gegenwart der Hydroxylgruppe allenfalls einen ganz schwach sauren Charakter annehmen könnte.

Doch handelt es sich hier offenbar nicht um Erscheinungen, welche wesentlich durch den sauren oder basischen Charakter der oxydablen Körper bedingt werden.

Ich glaube vielmehr, daß hier rein katalytische Wirkungen des Alkalis vorliegen,[1] deren Effekt sich zwar quantitativ wohl ermitteln ließe, für die eine Erklärung jedoch zur Zeit nicht gegeben werden kann, ebensowenig wie man für den Einfluß der Säuren auf die Inversion des Rohrzuckers, für die katalytische Wirkung der Wasserstoffionen bei diesem Vorgang, bisher eine Erklärung gefunden hat, obgleich zahlreiche quantitative Untersuchungen der Erscheinung vorliegen.

Katalytische Wirkungen der Alkalien sind ja in der organischen Chemie schon bekannt. Es braucht hier nur an die Kondensation von Aldehyden mit Ketonen erinnert zu werden, welche besonders glatt, wie zahlreiche Beispiele zeigen, unter dem Einfluß von sonst an der Reaktion anscheinend nicht weiter beteiligtem Alkali erfolgt.

Diese Verhältnisse müssen zunächst experimentell weiter verfolgt werden. Für den Fall des Hydrazobenzols wären z. B. nähere Daten über den Einfluß der Konzentration und der Stärke

[1] Hiermit soll nicht in Abrede gestellt werden, daß z. B. die Salzbildung bei stark sauren Verbindungen, neben dieser katalytischen Wirkung des Alkalis eine Rolle mitspielen kann.

des Alkalis zu gewinnen. Durch Ausdehnung der Untersuchung auf die Homologen des Hydrazobenzols ließe sich weiteres Versuchsmaterial beschaffen, der Einfluß der Substitution auf die Oxydierbarkeit ermitteln.[1]

Diese besondere Wirkung des Alkalis könnte in einigen ganz speziellen Fällen darauf beruhen, daß es die Umwandlung in die oxydable Form bewirkt oder deren Entstehen begünstigt.

So sind z. B. vom Benzalphenylhydrazon zwei Modifikationen, die als α- und β-Form unterschieden werden, bekannt. Die β-Modifikation wird leicht, namentlich durch Alkali, in die α-Form umgewandelt.[2]

Denselben entsprechen zwei räumliche Konfigurationen:[2]

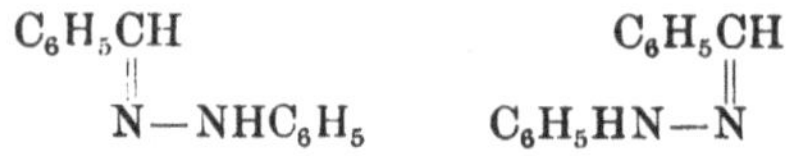

Antiform (α) Synform (β)

Nun kann aus einer Anti-Konfiguration leicht ein syn-Osazon entstehen

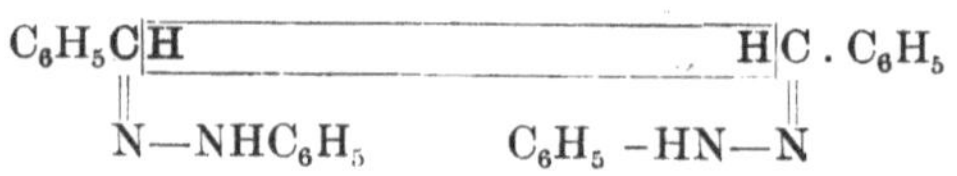

wie es nach BILTZ das gewöhnliche (α-)Hydrazon liefert.

Dabei ist jedoch unverständlich, welche Wirkung das zugesetzte Alkali hat, wenn die Anti-Form schon vorlag.[3] Man

[1] Durch die Möglichkeit, mit alkoholischen Lösungen zu operieren, läßt sich die Untersuchung wahrscheinlich auf eine größere Anzahl solcher Oxydationserscheinungen ausdehnen, namentlich wenn gewisse experimentelle Schwierigkeiten sich noch überwinden lassen. Eine besondere Vorsicht ist dabei freilich geboten, da alkoholisches Ätzalkali ja auch reduzierend wirken kann. So fand ich z. B. bei der Leukobase des Malachitgrüns keine Beschleunigung der Oxydation, sondern das Gegenteil. Die schon etwas blaugrün gefärbte Lösung wurde durch den Zusatz von alkoholischem Ätznatron entfärbt.

[2] THIELE u. PICKART, Ber. d. deutsch. chem. Ges. **31**, 1249.

[3] Diese Schwierigkeit würde verschwinden, wenn man berechtigt wäre — worüber ich mir ohne ein experimentelles Studium der Frage, das ich auch nicht beabsichtige, kein Urteil erlauben möchte — den beiden Benzilosazonen die umgekehrten Konfigurationsformeln (also α = anti, β = syn) zuzuschreiben mit entsprechender Konsequenz für die Benzalhydrazone.

könnte hier allenfalls die Annahme machen, daß bei den Schwingungen des Moleküls im gelösten Zustande beide Formen[1] auftreten, und sich gegenseitig in der Reaktionsfähigkeit hemmen.

Infolge des Zusatzes von Alkali würde nach dieser Vorstellung das Gleichgewicht verschoben, die eine Modifikation begünstigt oder ausschließlich gebildet. Beim Hydrazobenzol müßte man dann annehmen, daß bei Gegenwart von Alkali die eigentliche Hydrazoform begünstigt wird, durch Säuren eine andere, welche sehr labil ist und dann in die Benzidinform umklappt.

Nun sind zwei Modifikationen des Hydrazobenzols zwar bisher nicht bekannt.[2] Offenbar aber befindet sich das Hydrazobenzol in einem sehr labilen Zustand. Vielleicht gelingt es, auf Grund dieser Beobachtungen in die so merkwürdige Benzidin-Umlagerung einen Einblick zu gewinnen.

Auch für die Phenole wäre eine analoge Annahme zulässig, daß nämlich bei den Schwingungen im Molekül vorübergehend auch die Ketoformen auftreten[3] und daß durch das Alkali die Tendenz zur Bildung dieser Formen vergrößert oder bestimmte Schwingungsformen länger festgehalten würden. Solche Ketoformen aber haben den Charakter hydrierter Verbindungen, also solcher Körper, deren Gegenwart auch beim Terpentinöl die Ursache der Sauerstoffabsorption ist.

---

[1] Die Thatsache, daß man beide Modifikationen unverändert umkrystallisieren kann, scheint mir nicht im Widerspruch mit dieser Vorstellung zu stehen. Bereitet man z. B. eine gesättigte Lösung des schwerlöslichen α-Benzalphenylhydrazons, so wird sich zwar eine gewisse Menge desselben zur Herstellung des Gleichgewichts $\alpha \rightleftarrows \beta$ in die β-Modifikation umwandeln. Durch die Abscheidung der α-Form wird jedoch das Gleichgewicht gestört, daher müssen sich immer neue Mengen der β-Form in die α-Form zurückverwandeln. Hat man umgekehrt eine gesättigte Lösung der leichtlöslichen β-Modifikation, so muß sich zwar zur Herstellung des Gleichgewichts eine gewisse Menge der α-Modifikation bilden, ihr absoluter Betrag wird jedoch, wenn man nur schnell genug operiert, sehr klein sein können und das Gleichgewicht außerdem durch die Abscheidung der β-Modifikation fortgesetzt zu Gunsten der letzteren beeinflußt werden.

[2] Vgl. jedoch bezüglich des p-Hydrazotoluols Barsilowsky, Liebig's Ann. **207**, 103.

[3] Vgl. J. Thiele, Liebigs Ann. **306**, 129, und insbesondere auch die Arbeiten von Herzig und Zeisel, Wiener Monatsh. **9** u. ff.

Doch, wie man sieht, ist eine wirkliche Erklärung der Erscheinung ohne Heranziehung neuer zur Zeit nicht zu begründender Hypothesen auch in den eben berührten Fällen nicht zu geben. Trotzdem läßt sich soviel wohl behaupten, daß die weitere Untersuchung derselben eine Reihe interessanter Fragen berührt. In letzterer Hinsicht möchte ich zum Schluß nur noch die Thatsache anführen, welche mich im letzten Grunde eigentlich veranlaßt hat, die Wirkung des Alkalis auf die Autoxydation zu studieren, nämlich die, daß die Sauerstoffaufnahme durch die Atmung und überhaupt alle Vorgänge im Blute in schwach alkalischer Lösung erfolgen.[1]

Die im Vorstehenden beschriebenen Versuche wurden im chemischen Institut der Universität Göttingen ausgeführt. Bei Anstellung derselben hatte ich mich einige Zeit der Mitwirkung des Herrn Dr. A. Tewes zu erfreuen, welchem ich dafür meinen besten Dank aussprechen möchte.

Nicht unterlassen möchte ich ferner den Herren Geh.-Rat Wallach, Professor Nernst und Professor Bodländer für gelegentliche freundliche Ratschläge und Winke bezüglich der im letzten Abschnitt besprochenen Erscheinungen meinen besonderen Dank auszusprechen.

Ich beabsichtige diese Untersuchungen, namentlich die über die Wirkung des Alkalis, aufs Eingehendste fortzusetzen.

---

[1] Hier sei noch auf eine Untersuchung von J. Loeb und Zoethout hingewiesen, welche ich bei der Drucklegung dieser Abhandlung zufällig bemerke (Pflüger's Arch. **73**, 422). Das Wachstum der Seeigellarven in Seewasser wird nach diesen Autoren durch Zusatz von verdünntem Alkali sehr erheblich beschleunigt. Ferner fand Loeb, daß die Lebensfähigkeit von Infusorien durch verdünntes Alkali erhöht wird. Er weist ferner auf die bekannte Erscheinung hin, daß die Bewegung von Spermatozoën, wenn sie am Erlöschen ist, durch sehr verdünnte Alkalien wieder hergestellt werden kann. Da Leben und Wachstum in hohem Grade von der Stärke der Oxydation abhängen müssen, kommt Loeb zu dem Schluß, daß Alkalien die Oxydationsvorgänge in tierischen Geweben beschleunigen.

Druck von Metzger & Wittig in Leipzig.

MIX
Papier | Fördert gute Waldnutzung
FSC® C083411

Zeitfracht Medien GmbH
Ferdinand-Jühlke-Straße 7
99095 Erfurt, Deutschland
produktsicherheit@kolibri360.de